信息学竞赛
C++一本通

张森 著　孙哲南 审

人 民 邮 电 出 版 社
北 京

图书在版编目（CIP）数据

信息学竞赛. C++一本通 / 张森著. -- 北京 : 人民邮电出版社, 2025. -- ISBN 978-7-115-67169-1

Ⅰ. TP3

中国国家版本馆 CIP 数据核字第 2025KT8194 号

内 容 提 要

本书打破了传统教材中的分章模式，采用按知识点组织课程的形式，讲解C++语言的语法知识，力求更适合中小学教师在人工智能时代背景下的教学以及学生学习。

全书包括22课和2个附录。第1～3课介绍C++基本语法，包括程序格式、数据定义和输入输出等；第4～6课讲解各种运算符及表达式；第7～12课介绍选择和循环程序结构；第13～15课讲解数组及其应用；第16～18课介绍字符数组与字符串以及文件操作；第19～20课讲解函数及其应用；第21课介绍结构体及其应用；第22课介绍类和对象。本书还为读者提供了两个附录（电子版），附录A介绍C++集成开发环境的相关内容，附录B为课后练习的参考答案。

本书适合作为信息学竞赛的培训教材，也适合对C++感兴趣的中小学生自学。

◆ 著　　　　张　森

责任编辑　吴晋瑜

责任印制　王　郁　胡　南

◆ 人民邮电出版社出版发行　　北京市丰台区成寿寺路 11 号

邮编　100164　　电子邮件　315@ptpress.com.cn

网址　https://www.ptpress.com.cn

涿州市般润文化传播有限公司印刷

◆ 开本：787×1092　1/16

印张：17.75　　　　　　2025 年 8 月第 1 版

字数：288 千字　　　　　2025 年 8 月河北第 1 次印刷

定价：99.80 元

读者服务热线：(010) 81055410　印装质量热线：(010) 81055316

反盗版热线：(010) 81055315

前　言

近几年来，青少年编程教育在世界各国开展得如火如荼。在我国，青少年编程教育方兴未艾，如星星之火一般在祖国大地上蔓延开来。人们逐渐意识到在人工智能技术飞速发展的今天，编程应该成为一种必备的技能。

本书属于信息学竞赛编程入门读本。信息学主要是利用计算机及其程序设计来分析问题、解决问题的一门学科，信息学竞赛则是以信息学尤其是编程相关知识为基础的中小学学科竞赛活动。

本书以生动幽默的语言，通过大量的实例，讲述了 C++ 语言的基本语法知识。全书分为 22 课和两个附录。第 1 ～ 3 课简述了 C++ 基本语法，包括程序格式、数据定义和输入输出等；第 4 ～ 6 课涉及了各种运算符及表达式；第 7 ～ 12 课阐述了选择和循环程序结构；第 13 ～ 15 课讨论了数组类型及其应用；第 16 ～ 18 课举例说明了字符数组与字符串以及文件操作；第 19 ～ 20 课探讨了函数及其应用；第 21 课解释了结构体及其应用；第 22 课介绍了类和对象。

本书与传统信息学竞赛类教材相比，具有如下特点。

（1）语言通俗易懂，内容风趣幽默，难度适中，既有知识性，又注重趣味性，适合中小学生入门学习。

（2）在内容组织上，打破传统编程教材分章模式，按知识点组织课程，将课程分为知识讲解和实例练习两种，在形式上更符合中小学师生教与学的习惯。

（3）知识讲解通过实际例题介绍知识，从具体到抽象，贴近中小学生的认知特点。书中大部分课程的知识讲解都分为如下 6 个部分。

①“看一看”部分通过漫画和故事形式描述例题，引起读者兴趣。

②“想一想”部分针对本课知识提出问题，启发读者思考。

③“做一做”部分给出例题源程序，指导读者实践。

④“听一听”部分结合例题和图示讲解内容，引领读者构建知识框架。

⑤“总结”部分使用简单语句梳理知识框架，辅助读者回顾所学。

⑥“练一练”部分根据本课内容列举相关习题，引导读者复习。

（4）实例练习紧随相关知识讲解之后，用以帮助读者巩固相关知识的学习。

（5）书中例题按照循序渐进的节奏设置，符合程序设计的思维方式。

（6）书中练习题在配套资源包中都有源代码及相关说明，可供教师备课和学生自学。

本书主要适用于 9 ～ 16 岁学生，既可以作为学生自学的读本，又可以作为教师教学的参考，还可以作为学校或机构信息学竞赛的培训教材。

如果把本书当作信息学竞赛的培训教材，那么可以根据不同学生的年龄做如下课时安排。

（1）对于 9 ～ 12 岁（小学中、高年级）的学生，建议将“练一练”部分作为课堂内容完成，每一课的教学时间为 180 分钟（4 课时）。如果每周安排 2 课时，共 44 个教学周完成。

（2）对于 12 ～ 16 岁（初中以上）的学生，建议将“练一练”部分作为课后作业完成，每一课的教学时间为 90 分钟（2 课时）。若每周安排 2 课时，则共需 22 个教学周完成。

本书在编写和出版期间得到了多方人士的支持和帮助。中国科学院自动化研究所孙哲南研究员总体策划了本项目的实施并审阅了全部书稿。北京市西城区教育研修学院的石沙老师、林志奕老师、熊雪亭老师以及北京教育学院石景山分院的牛静老师帮助联系了各位顾问，并请各位顾问审阅了书稿内容。

在成书过程中，上海它趣教育科技有限公司的李丽、牛宏伟等完成了书中漫画的绘制，王舜谦、张思琪等完成了文字的初次校对工作，苏鹤年等完成了部分程序代码的校对工作；天津中科智能识别有限公司的矫金鑫、庞晓静、梁颜铭、秦蓉等整理了书中的程序代码，完成了配套资源包的开发以及图书的校对工作。

本书是在中国科学院自动化研究所智能感知与计算研究中心、天津中科智能识别有限公司等单位领导的关怀和鼓励下出版的。此外，本书的出版离不开人民邮电出版社吴晋瑜编辑的大力支持和协助。

在此谨对所有支持和协助本书编写和出版的人员表示最诚挚的敬意和最衷心的感谢。

由于作者水平有限，书中疏漏之处在所难免，希望各位专家和广大读者批评指正。另外，书中部分例题和练习来源于全国青少年信息学奥林匹克竞赛试题并稍做改动，特此说明。

张　森

于中国科学院自动化研究所

资源与支持

资源获取

本书提供如下资源：

- 本书源代码；
- 本书思维导图；
- 异步社区 7 天 VIP 会员；
- 两个附录（电子版）。

要获得以上资源，读者可以扫描下方二维码，根据指引领取。

提交勘误

作者和编辑尽最大努力来确保书中内容的准确性，但难免会存在疏漏。欢迎读者将发现的问题反馈给我们，帮助我们提升图书的质量。

当读者发现错误时，请登录异步社区（https://www.epubit.com），按书名搜索，进入本书页面，单击“发表勘误”，输入勘误信息，单击“提交勘误”按钮即可（见右图）。本书的作者和编辑会对读者提交的勘误进行审核，确认并接受后，将赠予读者异步社区的 100 积分。积分可用于在异步社区兑换优惠券、样书或奖品。

与我们联系

我们的联系邮箱是 wujinyu@ptpress.com.cn。

如果读者对本书有任何疑问或建议，请发送邮件给我们，并请在邮件标题中注明本书书名，以便我们更高效地做出反馈。

如果读者有兴趣出版图书、录制教学视频，或者参与图书翻译、技术审校等工作，可以发邮件给我们。

如果读者所在的学校、培训机构或企业，想批量购买本书或异步社区出版的其他图书，也可以发邮件给我们。

如果读者在网上发现有针对异步社区出品图书的各种形式的盗版行为，包括对图书全部或部分内容的非授权传播，请将怀疑有侵权行为的链接发邮件给我们。这一举动是对作者权益的保护，也是我们持续为广大读者提供有价值的内容的动力之源。

关于异步社区和异步图书

“异步社区”（www.epubit.com）是由人民邮电出版社创办的 IT 专业图书社区，于 2015 年 8 月上线运营，致力于优质内容的出版和分享，为读者提供高品质的学习内容，为作译者提供专业的出版服务，实现作者与读者在线交流互动，以及传统出版与数字出版的融合发展。

“异步图书”是异步社区策划出版的精品 IT 图书的品牌，依托于人民邮电出版社在计算机图书领域多年来的发展与积淀。异步图书面向 IT 行业以及各行业使用 IT 技术的用户。

目录

目录

目录

主要人物介绍

卡路

路西的哥哥，一个聪明的小男孩，心地善良，做事认真，是个“小学霸”。

路西

卡路的妹妹，一个聪慧美丽的小女孩，乖巧可爱，总是把哥哥当成偶像。

科迪

它是卡路和路西兄妹俩共同的好朋友。科迪是卡路家里的一只机器小熊。在卡路和路西很小的时候，它就开始陪伴兄妹俩了，谁也不知道它的来历。虽然科迪个头不大，但是它“神通广大”，懂得很多知识。

贝贝

卡路最好的朋友，非常淘气。他们从小就一起玩耍，在卡路和科迪的熏陶下，贝贝也喜欢上了科学，学习越来越好，后来也成了“小学霸”。

小虎

他也是卡路的好朋友。小虎身强体壮，凡是出力气的活，他都抢着干。

第 1 课　梦想启航：初识 C++

卡路和路西是亲兄妹。卡路是哥哥，他心地善良，做事认真，是个“小学霸”。路西是妹妹，她聪明美丽，乖巧可爱，总是把哥哥当作自己的偶像。

兄妹俩还有一位共同的好朋友——科迪。科迪是一只机器小熊，从卡路和路西很小的时候起，它就开始陪伴兄妹俩了。科迪个头不大，但是“神通广大”，懂得很多知识。

最近，妹妹路西迷上了 C++ 程序设计，整天叫嚷着要成为一名伟大的计算机科学家，用程序改变世界。这不，刚放学回到家，她就坐在计算机前敲来敲去，连哥哥叫她吃饭都不理。

这让卡路很有危机感，“我可是妹妹的偶像，不能被她赶超了啊！”他心想，“我也要赶快学会编程，成为更伟大的计算机科学家！”有了这个想法，卡路就去缠着小熊科迪，也要开始学习程序设计。

【例 1-1】 编写程序，在屏幕上显示“Hello,World!”。

输入：无。

输出：一行，一个字符串“Hello,World!”。

输入样例：无

输出样例：

```
Hello,World!
```

想一想

（1）什么是程序设计？

（2）为什么要学习程序设计？

（3）如何进行程序设计？

例 1-1 的程序实现如代码清单 1-1 所示。

代码清单 1-1

```
#include<iostream>
using namespace std;
int main(){
    cout<<"Hello,World!";
    return 0;
}
```

提示

请先按照附录 A 中的说明，在 Windows 操作系统上安装 Dev-C++ 软件，再按照附录中的说明编辑、编译和执行例 1-1 中的程序。

听一听

1.1 什么是程序设计

程序（program）是一些命令的集合。这些命令用于控制计算机实现指定的功能，如写文章、播放音乐和玩游戏等。计算机还可以实现更多的功能，这是多么令人期待和神奇的事情啊！例 1-1 就是一个程序，这个程序的功能是让计算机显示字符串“Hello,World!”。

要用命令让计算机实现某些功能，就要用计算机的语言与它“对话”。平时我们交流使用的语言，如汉语、英语等，是计算机不能直接理解的，需要有专门的单词和语法来“告诉”计算机该做什么，这就是计算机语言。计算机语言种类非常丰富，包括 C/C++、Java 和 Python 等。

程序设计就是使用计算机语言编写程序控制计算机完成相应功能的过程。许多工程师、科学家都是通过程序设计来完成自己的工程任务或科学研究的。你也可以通过程序设计控制计算机实现自己想要的功能，是不是很厉害？

本书介绍的就是 C++ 程序设计语言（以下简称 C++）。C++ 是于 1983 年由美国贝尔实验室的科学家发明的。C++ 最初是作为 C 语言的增强版出现的，被称为“带类的 C”（C with classes）。后来随着 C++ 功能的增强，其逐渐演变成一种独立的程序设计语言。利用 C++，人们开发了许多软件。例如，很多大型游戏是用 C++ 开发的；Windows、macOS 等操作系统，以及谷歌搜索引擎、微软 Office 等也是以 C++ 为主进行开发的。另外，C++ 也是信息学奥林匹克竞赛指定的编程语言之一。

小知识

程序不仅可以控制计算机的工作，还能控制其他电子产品。无论是火箭发射、飞机起飞，还是机器人、电梯，甚至空调、智能电视机等的正常工作，程序均在发挥着重要的作用。

1.2　为什么要学程序设计

在我们身边，有许多“程序”在悄然运行，如清晨的闹钟会叫醒我们，老师用投影仪或者智能电视机播放课件，我们上网查找学习资料……可以说，程序无处不在。为了更好地让程序为我们所用，我们有必要了解一些程序设计的方法。

学习程序设计有助于培养我们的计算思维。计算思维包括数学思维和工程思维两个部分。从小培养我们的计算思维——从现实问题中总结数学模型，然后用计算机语言进行工程实现以解决问题，这种思维方式会让我们一生受益。

学习程序设计也有助于培养我们的创新能力。创新能力是指以新颖、独创的方法解决问题的能力，是我们应对未来最重要的能力之一。在学习程序设计的过程中，我们可以从模仿到创新，不断探索，用自己的方法解决不同的问题。

1.3　第一个C++程序及程序框架

上文介绍了程序设计的概念和学习目的，那么该如何进行程序设计呢？我们先来分析一下例 1-1 的实现程序。

（1）第 1 行——声明本程序包含输入输出流库文件（iostream）。这行代码用于实现声明功能，通常作为程序的第一行，告诉计算机将输入输出流库文件包含在本程序中。这样，在程序中就可以使用基本输入输出（Input/Output，I/O）语句了，如例 1–1 中的 cout（输出语句）。包含库文件语句的说明如图 1–1 所示。

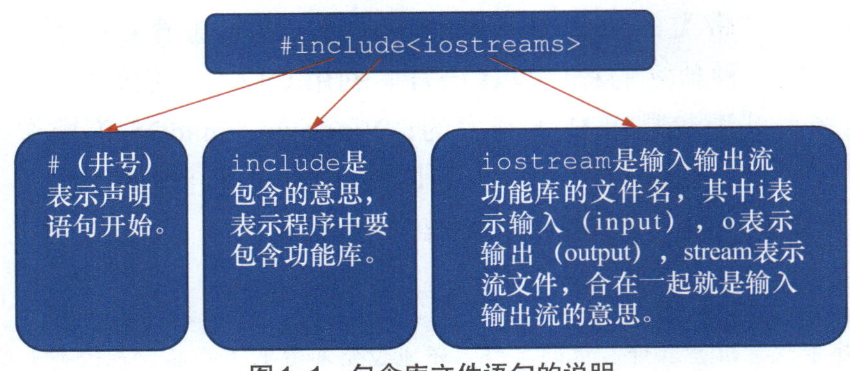

图 1–1　包含库文件语句的说明

注 意

这一行的各部分之间通常可以没有空格作为分隔符。

小知识

C++ 程序中的一条命令又叫作一条语句。

（2）第 2 行——使用标准命名空间。命名空间是 C++ 中的一种规则，用来解决不同类库的同名冲突问题。你可以暂时不理解它的具体含义，记住就好。使用命名空间语句的说明如图 1–2 所示。

注 意

（1）using namespace std; 中的前3个部分要用空格分隔，“;”与“std”之间可以没有空格。

（2）在C++中，“;”表示语句结束。除了少数特殊语句，大部分C++语句使用分号作为结束标志。这很重要，因为没有语句结束标志，执行C++程序时就会报错。

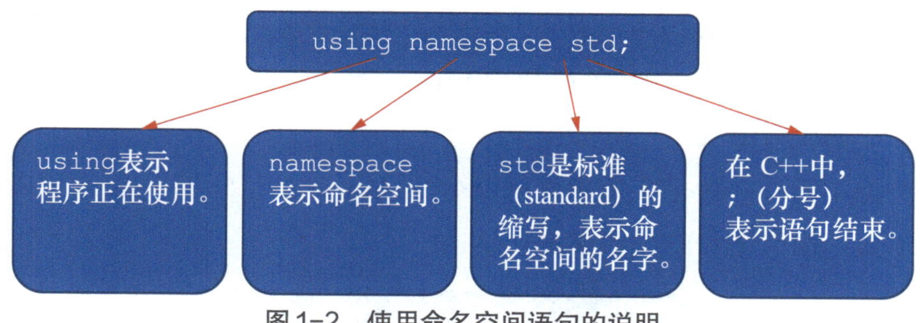

图 1-2　使用命名空间语句的说明

（3）第 3 行——主函数名。这一行是主函数（main function）的名字说明。函数就是完成某种功能的程序段（语句集合）。主函数 main() 是 C++ 程序运行的起始点。无论主函数在程序的开头、结尾还是中间，主函数中的代码总是在程序开始运行时第一个被执行。主函数头的说明如图 1-3 所示。

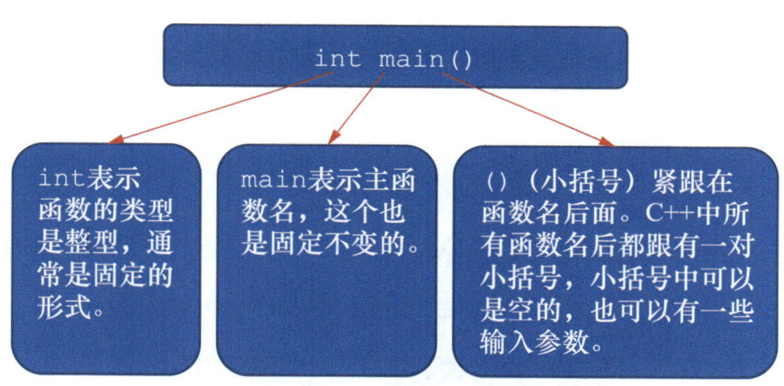

图 1-3　主函数头的说明

注 意

（1）在int和main之间要有一个空格分隔，而main和小括号之间不能有空格。

（2）小括号中即使是空的，也不能省略。

小知识

主函数 main() 是一个特殊的函数。一段 C++ 程序可以有一个或多个函数，当它只有一个函数的时候，这个函数必须是主函数；当它有多个函数的时候，也必须有且仅有一个主函数，其他函数统称为“非主函数”。程序的执行总是从主函数开始并以主函数结束。主函数可以调用任何非主函数，非主函数之间可以互相调用，但非主函数不能调用主函数。

（4）第 3 行和第 6 行—— 一对大括号“{}”。大括号就像一件衣服把函数语句包裹起来。左大括号表示函数语句的开始，右大括号表示函数语句的结束，二者必须成对出现。

（5）第 4 行——输出字符串。cout<<"Hello,World!"; 语句是本程序中的核心功能语句。输出语句的说明如图 1-4 所示。

图 1-4　输出语句的说明

注 意

（1）这条语句的各部分之间通常不加空格，即各部分之间没有分隔符。（2）C++ 规定由双引号开始和结束的内容叫作字符串。字符串输出时要按原样输出，也就是说，双引号内有什么，屏幕上就显示什么。（3）如果要在程序中使用“cout”，必须在程序开始处声明将头文件“iostream”包括在程序中。

（6）第 5 行——函数结束返回操作系统。return 0; 为返回语句，一般是函数的最后一条可执行语句。返回语句的说明如图 1-5 所示。

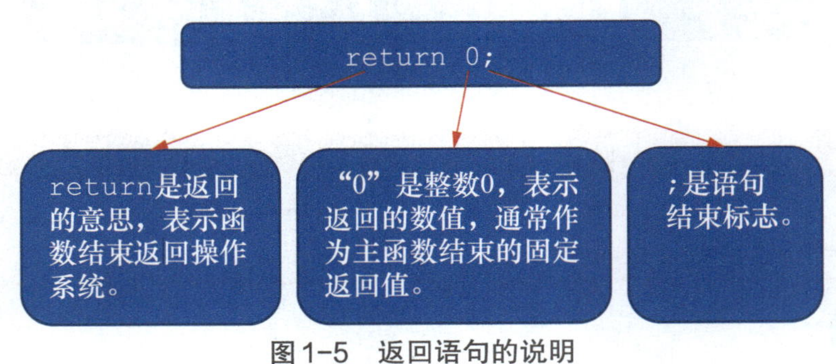

图 1-5　返回语句的说明

注 意

return和0之间通常由空格分隔，0和;之间通常没有分隔符。

由例 1-1 可知，一个简单 C++ 程序的框架如图 1-6 所示。

```
#include<iostream>
using namespace std;
int main(){
    //其他程序语句

    return 0;
}
```

图 1-6　一个简单 C++ 程序的框架

顺口溜

井号包含 I/O 流，使用标准命名头；整型紧拽主函数，小大括号不能丢；
函数完成要返回，分号表示语句尾；要想玩转编程序，程序框架要牢记。

本课的主要内容如下。

（1）C++ 程序框架的介绍，包括如何包含库文件、使用命名空间和定义主函数。

（2）本课提到的关键字：using、namespace、int 和 return。

练习　在屏幕上输出“我爱中国！”。

输入样例： 无

输出样例：

```
我爱中国！
```

第 2 课　奇妙的计算：程序格式与数据定义

最近，妹妹路西学习了周长的概念，把正方形周长、长方形周长和圆形周长等各种相关的公式记得滚瓜烂熟。她觉得很奇妙：给出边长或者半径，就能计算出周长，太有意思了！这引发了科迪的灵感，它兴冲冲地给卡路出了一道程序题：编写一个程序，输入圆的半径 r，求圆的周长，如例 2-1 所示。

【例 2-1】 计算圆周长。

输入样例：

```
5
```

输出样例：

```
圆的周长=31.4
```

【数学分析】

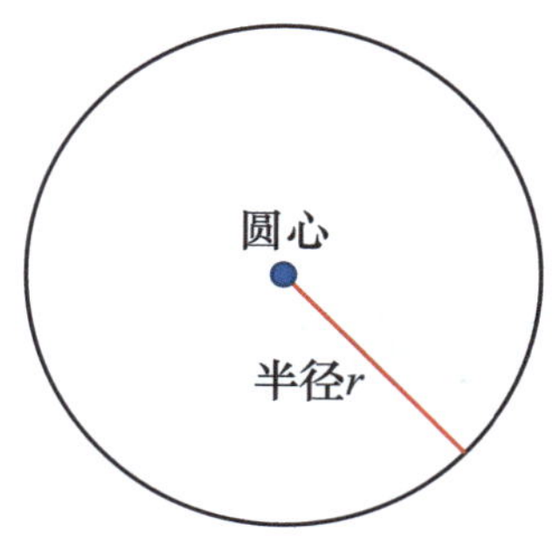

圆心：是圆的中心。

半径（r）：是圆周到圆心的直线距离。

圆周率（π）：是圆的周长与直径的比值，一般用希腊字母 π 表示，是一个在数学及物理学中普遍存在的数学常数。其值约等于 3.14。

圆的周长（C）= 2× 圆周率 × 半径 = $2\pi r$

例如，当半径 r 为 5cm 时，周长 = $2\pi r = 2\times3.14\times5 = 31.4$（cm）。

该题的数学解法如下。

解：设圆的半径是 r，周长是 C，$\pi = 3.14$。　　（定义数据）

$r = 5$　　（输入数据）

$C = 2\pi r = 2\times3.14\times5 = 31.4$（cm）　　（计算处理）

答：圆的周长是 31.4cm。　　（输出结果）

【算法描述】

在添加程序框架后，在主函数中：

（1）定义圆周率 π（程序实现中为常量 PI），定义圆的半径变量 r 和圆的周长变量 C；

（2）输入圆的半径变量 r；

（3）计算圆的周长 C = 2πr（注意，程序中以 PI 代替 π）；

（4）输出圆的周长。

（1）程序有没有固定的编写格式呢?

（2）该如何定义程序中用到的圆周率、半径和周长呢？

计算圆周长问题的程序如代码清单 2-1 所示。

代码清单 2-1

```
#include<iostream>                        //调用iostream库
using namespace std;
int main(){
    const double PI=3.14;                 //PI是符号常量，代表3.14
    double r,c;                           //定义实型变量
    cin>>r;                               //输入半径r的值
    c=2*PI*r;                             //计算圆的周长
    cout<<"圆的周长="<<c;                  //显示计算结果
    return 0;
}
```

小知识

上述程序中“//”后面的部分称为注释。注释不参与程序编译和运行，只起到对代码进行解释说明的作用。

2.1　程序格式

正如第 1 课提到的，无论一个 C++ 程序有多少个函数，都必须有且仅有一个主函数，这个主函数就是程序主体。例如，计算圆周长的实现程序就只有一个主函数。在后续接触更复杂的程序结构之前，我们见到的程序均只有一个主函数。

那么，对于主函数，有没有一个编写的格式呢？答案是有！

除了基本框架，程序（主函数）主要由 4 个部分组成：定义数据、输入变量、计算处理和输出结果。在编写程序时，我们要针对这 4 个部分思考问题。简单程序的说明如图 2-1 所示。

代码清单 2-1 圆周长问题

```
#include<iostream>                    //调用 iostream 库
using namespace std;
int main(){
    const double PI=3.14;             //PI 是符号常量，代表 3.14
    double r,c;                       //定义实型变量
    cin>>r;                           //输入半径 r 的值
    c=2*PI*r;                         //计算圆的周长
    cout<<"圆的周长="<<c;             //显示计算结果
    return 0;
}
```

定义数据
输入变量
计算处理
输出结果

图 2-1　简单程序的说明

当然，这 4 个部分不是全都必须要有的，有些部分可以省略。例如，在例 1-1 显示“Hello,World!”的程序中，省略了定义数据、输入变量和计算处理部分，只有输出结果部分。

顺口溜

定义数据在前头，后面输入跟着走，计算处理我为主，最后结果要输出。

2.2　定义数据

程序通常是用来处理数据的，程序中的定义部分一般就是指定义数据。在 C++ 中，定义数据是相当灵活的，既可以预先全部定义后再使用，又可以等到使用时再定义。为了使程序结构更整齐和更容易理解，我们建议预先全部定义后再使用，即把数据定义都放在函数开始的部分，如代码清单 2-1 中对圆周率、半径和周长的定义。

程序中的数据分为两种——常量和变量，它们都有各自的特点，即数据类型。在定义数据时，无论是常量还是变量，我们都要给它们起个容易理解的好名字。

2.2.1　稳如泰山的常量

常量就是常数，是指在程序中使用的一些具体的数、字符等。例如，第 1 课中的“Hello,World!”是个字符串常量，代码清单 2-1 中的 PI 是常量。在程序中，常量一经定义，它的值就不能被更改了，就像泰山不能移动一样。

你可以直接使用常量，也可以给它取个名字——这就是符号常量，其语法

格式有以下两种：

```
#define  常量名 常量值
const    数据类型  常量名=常量值;
```

第一种符号常量的定义形式称为“编译预处理”指令（凡是以“#”开头的均为预处理指令，如 #include、#define 等）。

第二种符号常量的定义形式是 C++ 常量定义语句，代码清单 2-1 中定义圆周率 PI 就采用这种定义格式。常量定义的说明如图 2-2 所示。

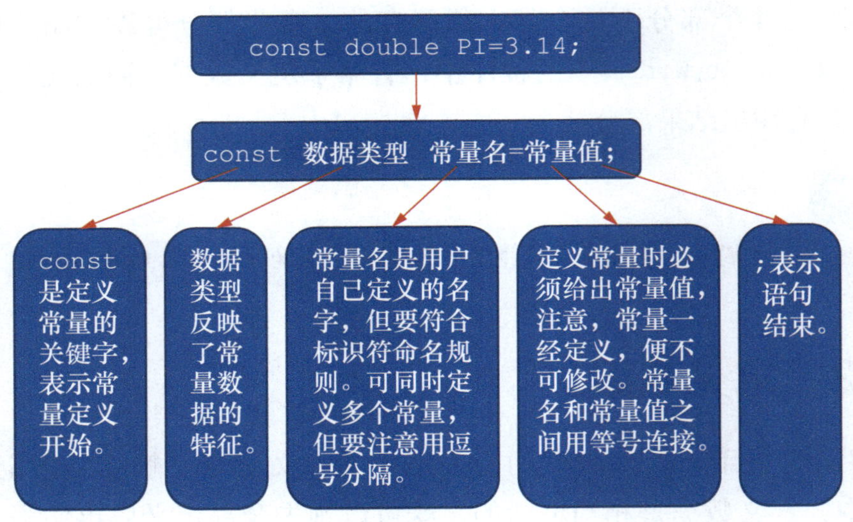

图 2-2 常量定义的说明

小知识

标识符就是用户编程时使用的各种名字。

关键字（keyword）又称保留字，是预先保留的标识符。每个 C++ 关键字都有特殊的含义，用于声明函数、类型、命名空间和对象等。C++ 11 标准中的关键字共有 73 个，都是 C++ 中的关键单词，需要一边学习一边记忆。

2.2.2 灵活多变的变量

变量的“灵活多变”是指变量中的数值可以随时改变。变量就像一个有名字的盒子，如图 2-3 所示，程序随时都能读取和修改盒子中的数据。变量一经定义，只需要使用变量名，就可以操作它里面存储的数据。

变量定义的说明如图 2-4 所示。

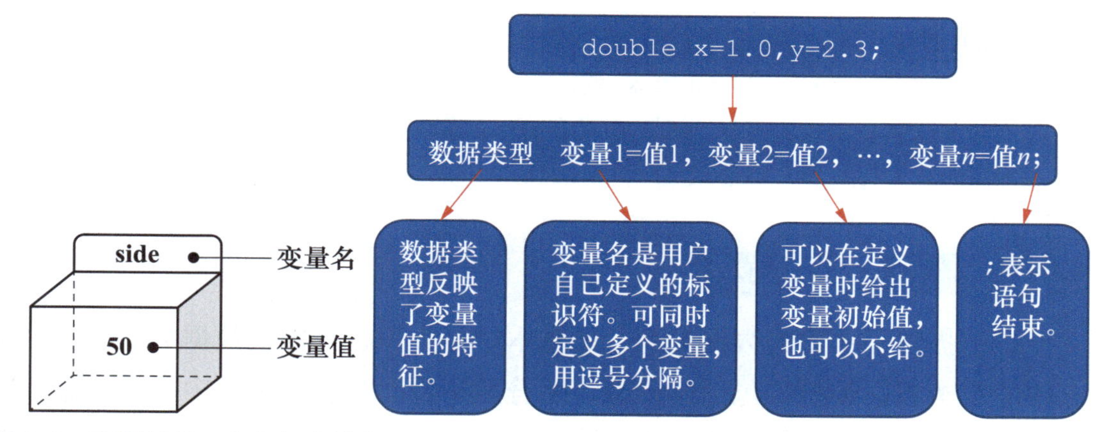

图2-3　变量就像一个有名字的盒子

图2-4　变量定义的说明

例如：

```
int  i,j=0,k=1;    //定义i、j和k为整型变量并初始化j为0、k为1
char a,b,c;               //定义a、b和c为字符变量
double x=1.0,y=2.3;       //定义x和y为实型变量，并初始化x为1.0、y为2.3
```

常量名和变量名都是我们自己命名的标识符，那么标识符的命名规则是什么呢?

（1）标识符只能由字母、数字和下画线（“_”）组成，不能以数字开头。

（2）对于变量名的长度，不同的C++语言编译器有不同的规定，建议变量名的长度不要超过8个字符。

（3）严格区分标识符的大小写，即标识符a和标识符A是不同的标识符。

（4）自定义的标识符不能是关键字。

（5）在程序中用到的自定义标识符要“先定义后使用”，通常标识符不能重复定义。

（6）对标识符的命名，建议遵循“见名知义”的原则，即用一些有意义的单词作为变量名，也可以用拼音加大驼峰表示法表示标识符。

例如：

判断下列哪个标识符为合法标识符。

```
month、_age、s2、m.k.jack、a<=b、9y
```

解析：

month、_age、s2为合法的标识符；m.k.jack、a<=b、9y为不合法的标识符。

小知识

大驼峰表示法即标识符中每个单词或拼音的首字母大写，这样的标识符好像骆驼的驼峰一样，如表示人数的标识符可以写成“RenShu”，表示圆面积的标识符可以写成“YuanMianJi”。

2.2.3 基本数据类型

C++ 提供了丰富的数据类型，如基本数据类型、自定义数据类型等。这里介绍的基本数据类型，包括逻辑型、字符型、整型和实型（其中实型又分单精度实型和双精度实型），它们都是系统定义的简单数据类型。常用的基本数据类型及其所占长度如图 2-5 所示。

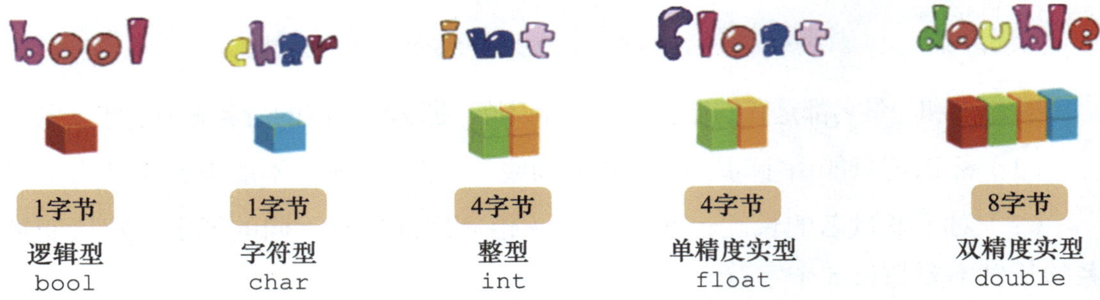

图2-5　常用的基本数据类型及其所占长度

1. 逻辑型（bool）

逻辑型又称为布尔型，用 bool 表示。逻辑型的值只有两个：“真”（true）和“假”（false）。在程序中，如果运算结果为逻辑型，那么用“1”表示真，用“0”表示假；如果是运算过程中的逻辑型，那么用“非零”表示真，用“0”表示假。逻辑型的说明如表 2-1 所示。

表 2-1　逻辑型的说明

数据类型	定义标识符	数值范围	占字节数
逻辑型	bool	真（true）和假（false）	1字节（8位）

2. 字符型（char）

字符型通常表示的是一个加单引号的字符。存储内容是字符的 ASCII 编码。

ASCII（美国国家标准信息交换代码）基本编码共有 128 个字符，如 'a'、'A' 和 '0' 等（注意：ASCII 是区分大小写的）。在 ASCII 中，字符 'A' 的序号是 65，字符 'a' 的序号是 97，字符 '0' 的序号是 48。基于字符型数据的这个特点，它可以和 int 变量一样进行加减运算。ASCII 编码表（节选）如图 2-6 所示。

序号	字符	序号	字符	序号	字符	序号	字符	序号	字符	序号	字符
32	空格	48	0	64	@	80	P	96	`	112	p
33	!	49	1	65	A	81	Q	97	a	113	q
34	"	50	2	66	B	82	R	98	b	114	r
35	#	51	3	67	C	83	S	99	c	115	s
36	$	52	4	68	D	84	T	100	d	116	t
37	%	53	5	69	E	85	U	101	e	117	u
38	&	54	6	70	F	86	V	102	f	118	v
39	'	55	7	71	G	87	W	103	g	119	w
40	(	56	8	72	H	88	X	104	h	120	x
41	)	57	9	73	I	89	Y	105	i	121	y
42	*	58	:	74	J	90	Z	106	j	122	z
43	+	59	;	75	K	91	[	107	k	123	{
44	,	60	<	76	L	92	\	108	l	124	|
45	-	61	=	77	M	93	]	109	m	125	}
46	.	62	>	78	N	94	^	110	n	126	~
47	/	63	?	79	O	95	_	111	o	127	deL

图 2-6　ASCII 编码表（节选）

小知识

在 C++ 语言中，a、'a' 和 "a" 这三者含义是不同的。a 是标识符，可以表示一个变量名、常量名或函数名等；'a' 是一个字符常量，代表数字 97(ASCII 值)；"a" 是一个字符串常量。可以用下面这个顺口溜记忆："不带引号标识符，单引表示单字符，双引号内字符串，三者区别要明辨。"

在程序中，还有一种转义字符形式表示控制字符、特殊字符等。常用的转义字符如表 2-2 所示。

表 2-2　常用的转义字符

转义字符	含　义	转义字符	含　义
'\n'	回车换行	'\''	单引号
'\t'	跳到下一区域开始处，一个区域是4个字符	'\"'	双引号
'\b'	后退一格	'\\'	一个反斜线字符
'\0'	空字符		

3. 整型（int）

整型是不带小数点的数字类型，如“123”是整数。在 C++ 中，常用的整型主要有 4 种，如表 2-3 所示。其中最常用的整型是基本整型（int）。

表 2-3　常用整型说明

数据类型	定义标识符	占字节数	数值范围
短整型	short	2字节（16位）	-32768～32767
基本整型	int	4字节（32位）	-2147483648～2147483647
长整型	long	4字节（32位）	-2147483648～2147483647
超长整型	long long	8字节（64位）	-9223372036854775808～9223372036854775807

4. 实型（float/double）

实型是带小数点的数字类型，如“123.0”“3.14”是实型数。常用的实型有单精度实型（float）和双精度实型（double），二者的区别主要是小数点后数值的位数不同，双精度实型小数点后的位数更多（精度更高），如表 2-4 所示。

表 2-4　实型说明

数据类型	定义标识符	数值范围	占字节数	小数点后有效位数
单精度实型	float	-3.4E+38～3.4E+38	4字节（32位）	6～7位
双精度实型	double	-1.7E+308～1.7E+308	8字节（64位）	15～16位

5. 求数据类型长度——sizeof

格式：sizeof（标识符）。

功能：用于返回数据类型占用内存字节数。

阅读代码清单 2-2，写出输出结果。

代码清单 2-2

```
#include<iostream>
using namespace std;
int main(){
    int a;
    float b;
    double c;
    char d;
    bool e;
    cout<<sizeof(a)<<","<<sizeof(b)<<","<<sizeof(c)
```

```
10.         <<","<<sizeof(d)<<","<<sizeof(e)<<endl;
11.     return 0;
12. }
```

输出结果如下：

```
4,4,8,1,1
```

注 意

sizeof用于求类型所占内存字节数（即类型长度）而不是数据的位数。因此，在上例中，sizeof(a)与sizeof(int)是等效的，都是求整型的长度。

提示

代码清单 2-2 中程序的第 9 行和第 10 行是一条语句，C++ 程序允许将一条语句分多行书写，也可以将多条语句写在一行。

本课的主要内容如下。

（1）通常程序（函数）包含 4 个部分（有些可省略）。

（2）数据分为常量和变量。

（3）常量和变量的定义。

（4）基本数据类型分为 4 种：逻辑型（bool）、字符型（char）、整型（int）和实型（float/double）。

（5）本章介绍的 C++ 关键字有 const、bool、char、short、int、long、float、double、sizeof、true 和 false。

练习 2-1　显示 ASCII 值。

输入一个 a ～ z 的小写字母并存入字符型变量 ch，再将其赋值给一个整型变量 a，输出其 ASCII 值。

输入：一行，一个小写字母。

输出：一行，输入字母对应的 ASCII 值。

样例输入：

```
b
```

样例输出：

```
98
```

练习 2-2　大小写字母的转换。

将小写字母转换成大写字母，将大写字母转换成小写字母。

样例输入：

```
aA
```

样例输出：

```
A a
```

提示

因为所有小写字母的 ASCII 值要比对应大写字母的 ASCII 值大 32，所以小写字母的 ASCII 值减去 32 后便得到对应大写字母的 ASCII 值。反之，大写字母的 ASCII 值加上 32 后便得到对应小写字母的 ASCII 值。

练习 2-3　计算数据类型占用内存字节数。

定义 int、float 类型的变量各一个，并依次输出其数据类型占用内存字节数（单位：字节）。

输入：无。

输出：一行，两种类型各自占用内存字节数。

样例输入： 无

样例输出：

```
4 4
```

提示

使用 sizeof 关键字

第3课　生日的考验：输入与输出

卡路今天过生日，科迪给他准备了一份大礼。不过在送出礼物之前，科迪给卡路出了一道编程题，卡路只有答对了才能收到礼物。题目是这样的：编写一段程序，按顺序输入妹妹、爸爸和妈妈的生日，然后输出妈妈的生日（生日格式要求以由月和日组成的整数表示，例如，5月17日写成“517”）。大家可以想一想该怎么做？

【例3-1】 生日问题。

输入样例：

```
1014 224 517
```

输出样例：

```
517
```

【数学分析】

该程序就是输入3个生日数，然后输出第3个数。

【算法描述】

添加程序框架后，在主函数中：

（1）定义 3 个生日数变量，s 表示妹妹的生日，f 表示爸爸的生日，m 表示妈妈的生日；

（2）输入 3 个生日数，分别存入 s、f 和 m；

（3）计算处理不需要；

（4）输出最后一个生日数 m。

（1）程序怎样进行输入？　　　　（2）程序如何进行输出？

具体程序实现如代码清单 3-1 所示。

代码清单 3-1

```
#include<iostream>
using namespace std;
int main(){
    int s,f,m;
    cin>>s>>f>>m;
    cout<<m;
    return 0;
}
```

3.1　输入输出

输入通常是指用键盘（或鼠标）把数据送给程序变量的操作。输出通常是指把数据从程序送到屏幕显示（有时也可以是打印机打印）的操作。在 C++ 中提供数据输入输出的接口叫作控制台，所以数据输入输出又叫作控制台输入输出。C++ 提供了多种输入输出方式，主要用的是 cin（输入）和

cout（输出）。数据输入输出如图 3-1 所示。

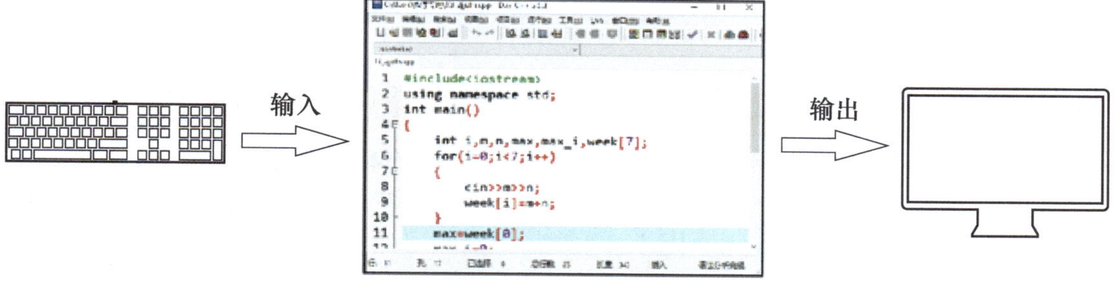

图3-1 数据输入输出

> **注 意**
>
> 使用cin和cout，要在程序开始包含如下语句：
>
> ```
> #include<iostream>
> using namespace std;
> ```

3.2 变量输入——cin

cin 叫作标准输入流符，表示从键盘输入数据给变量。cin 可以看作键盘，如图 3-2 所示。标准输入语句的说明如图 3-3 所示。

图3-2 cin看作键盘

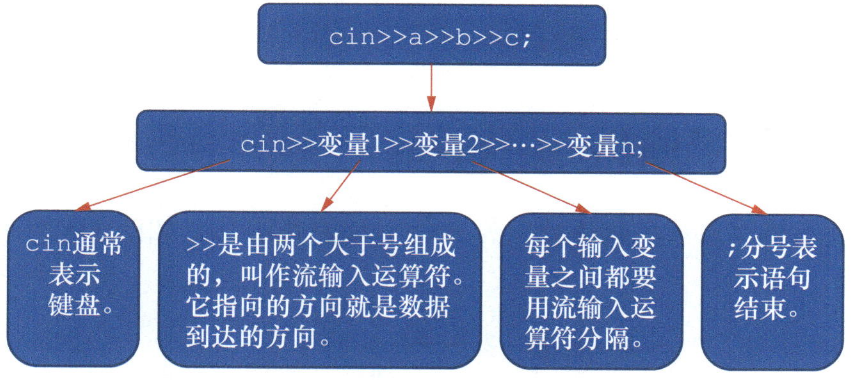

图3-3 标准输入语句的说明

请阅读代码清单 3-2，并尝试在自己的计算机上运行它。

代码清单 3-2

```
int a,b,c;
cin>>a>>b>>c;
```

注 意

（1）当输入多个数据时，要求从键盘输入的数据的个数、类型与变量一致。

（2）输入数据时，多个数据可以用空格或回车换行符分隔。如代码清单3-2的输入可以采用如下两种形式。

- 输入数据以空格键分隔：

```
2 4 5
```

- 输入数据以回车换行符分隔：

```
2
4
5
```

无论哪种形式，输入后程序中都是a = 2，b = 4，c = 5。

（3）在一行输入中可以有多个不同类型的变量，输入数据时要注意类型对应。

请阅读代码清单 3-3，并尝试在自己的计算机上运行它。

代码清单 3-3

```
int a;
float b;
char c;
cin>>a>>b>>c
```

如果输入如下数据：

```
5 4.2 x,z
```

则 a = 5，b = 4.2，c='x'。

3.3 结果输出——cout

cout 表示将结果输出到屏幕上，cout 可以看作屏幕，如图 3-4 所示。

图3-4 cout看作屏幕

请阅读代码清单 3-4，并尝试在自己的计算机上运行它。

代码清单 3-4

```
a=2;b=3;c=4;
cout<<a<<","<<b<<","<<a+c<<endl;
```

输出结果如下：

```
2,3,6
```

语句分析：输出 a 的值、b 的值、a+c 的结果，各个数值之间用逗号“,”分隔，“,”是一个字符串里面的内容——逗号原样输出，endl 表示本行结束转到下一行，是不可见字符。输出语句的说明如图 3-5 所示。

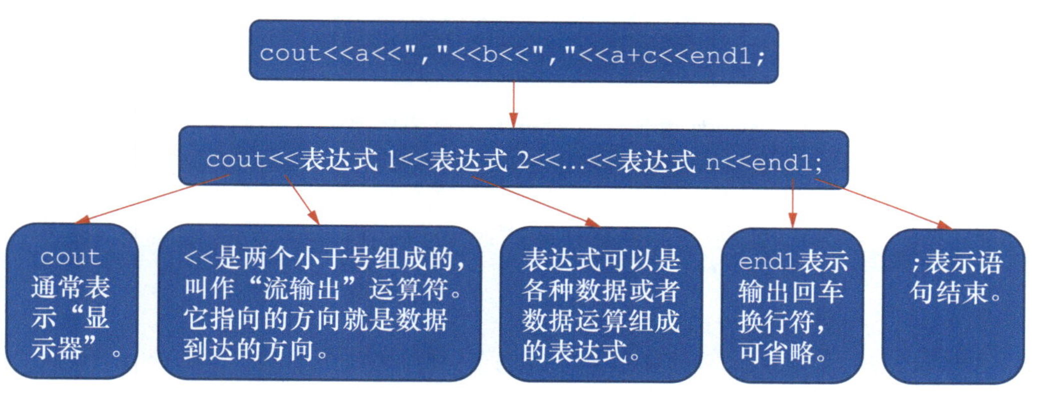

图3-5　输出语句的说明

注 意

（1）一个输出语句可以输出多个表达式的值，用流输出运算符“<<”分隔。

（2）程序根据表达式的类型和数值大小，采用默认格式输出，大多数情况下可满足要求。

（3）endl是回车换行符“EndLine”的简写，表示行结束换到下一行开始位置。endl是一个不可见字符（看不到），手写时可用“↵”或<CR>代表。

（4）字符串要用双引号括起来，输出时要原样输出；变量或运算输出时，要输出变量值或运算结果。

请阅读代码清单 3-5，并尝试在自己的计算机上运行它。

代码清单 3-5

```
int age=12;
float s1=99.5,s2=100,s3=98.5;
cout<<"卡路"<<endl<<age<<endl<<s1+s2+s3<<endl;
```

输出结果如下：

```
卡路
```

```
12
298
```

输出的内容主要有如下 5 个部分。

（1）输出 1：程序中的卡路加双引号表示字符串，原样输出。

（2）输出 2：看不见的回车换行符。

（3）输出 3：age 变量的值为 12。

（4）输出 4：看不见的回车换行符。

（5）输出 5：s1+s2+s3 的运算结果为 298。

小知识

如何增强信息的可读性？

为了增强输出信息的可读性，在输出多个数据时可以通过插入空格符、换行符或其他提示信息将数据进行组织，以获得更好的效果。

```
x=12;
cout<< "Tom is my friend,he is"<<x<<"years old";
```

也可改写成：

```
x=12;
cout << "Tom is my friend,he is";
cout << x;
cout <<"years old";
```

3.4 其他形式的输入 / 输出

除了前面介绍过的 cin 和 cout，C++ 还包括一些其他形式的输入 / 输出。

3.4.1 格式输入 / 输出函数

scanf()/printf() 函数是具有 C 语言风格的格式输入 / 输出函数，也用于输入 / 输出数据。使用格式输入函数 scanf() 和格式输出函数 printf() 时，要在程序开始部分包含头文件 cstdio。

```
#include<cstdio>
using namespace std;
```

1. 格式输入函数

请阅读代码清单 3-6，并尝试在自己的计算机上运行它。

代码清单 3-6

```
1. #include<iostream>
2. #include<cstdio>
3. using namespace std;
4. int main(){
5.    int a;
6.    float b;
7.    char c;
8.    scanf("%d%f%c",&a,&b,&c);
9.    cout<<a<<","<<b<<","<<c;
10.       return 0;
11. }
```

输入如下：

```
5 4.2x
```

输出结果如下：

```
5,4.2,x
```

其中第 8 行代码为格式输入语句，控制台输入时，输入了一个整数、一个单精度实数和一个字符。整数给 a，实数给 b，字符给 c，整数和实数之间用空格分隔，实数和字符之间不加分隔。格式输入语句的说明如图 3-6 所示。

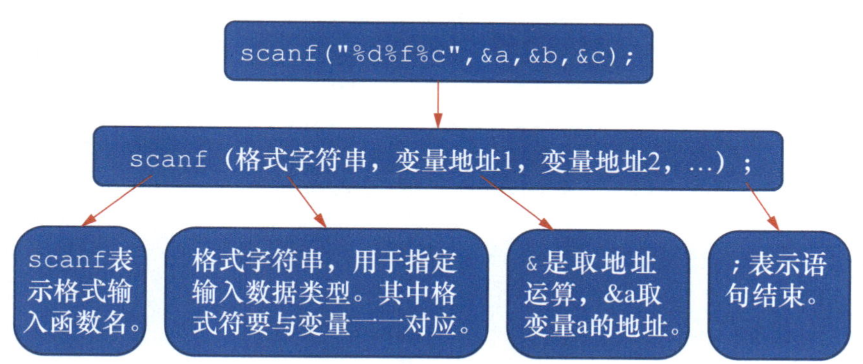

图3-6　格式输入语句的说明

注 意

（1）输入数据如果是整型或实型，则以空格或回车换行符分隔；如果是字符型，则不用分隔符。

（2）格式字符串包含各种格式控制符。格式控制符用于指定各种数据类型。常用的格式控制符如表3-1所示。

注 意

表 3-1　常用的格式控制符

数据类型	格式控制符
整型int	%d
长整型long	%ld
单精度实型float	%f
双精度实型double	%lf
字符型char	%c
字符串型string	%s

2. 格式输出函数

请阅读代码清单 3-7，并尝试在自己的计算机上运行它。

代码清单 3-7

```
#include<cstdio>
using namespace std;
int main(){
    int a;
    float b;
    char c;
    scanf("%d%f%c",&a,&b,&c);
    printf("输出结果为:\n");
    printf("%d%f%c\n",a,b,c);
        printf("a=%-5d,b=%-7.4f,c=\'%c\'\n",a,b,c);
        return 0;
}
```

输入如下：

```
5 4.2x
```

输出结果如下：

```
输出结果为:
54.200000x
a=5    ,b=4.2000 ,c="x"
```

提示

在代码清单 3-7 中，由于只使用了格式输入函数和输出函数，因此程序开头只包含 cstdio 头文件。

格式输出语句的说明如图 3-7 所示。

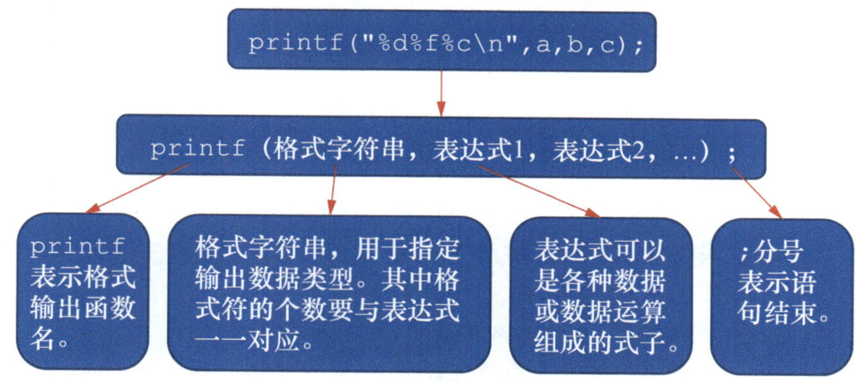

图3-7　格式输出语句的说明

格式输出语句的说明如下。

（1）如第 8 行，输出函数可以只输出字符串常量，其中\n 是转义字符，表示回车换行。通常只有字符串常量的输出函数起到提示或说明作用。

```
8. printf("输出结果为：\n");
```

（2）如第 9 行，输出函数的常用格式控制符与输入函数的格式控制符规则类似，所不同的是在输入函数中格式控制符对应的是变量地址，而在输出函数中格式控制符对应的是变量或变量运算等表达式。

```
9. printf("%d%f%c\n",a,b,c);
```

（3）如第 10 行，输出函数的格式字符串中，除格式控制符以外，其余内容原样输出。如第 10 行中的“a=”、逗号“,”“b=”“c=”“\'”等都要原样输出，其中“\'”为转义字符，输出一个单引号“'”。

```
10. printf("a=%-5d,b=%-7.4f, c=\'%c\'\n",a,b,c);
```

（4）格式控制符还可以有辅助控制符。常用的辅助控制符如表 3-2 所示。

表 3-2　常用的辅助控制符

辅助控制符	说　明
%md	m表示整数所占位数
%-md	数据输出默认为右对齐。-表示数据左对齐输出（在数据右补空格）
%m.nf	m表示实数整体所占位数，n表示小数点后的位数。也可以只指定小数位数，写成%.nf
%-m.nf	-表示数据左对齐输出（在数据右补空格）
%mcr	m表示字符所占位数

注 意

（1）在%md中，若m小于实际位数，则数据按实际位数输出；若m大于实际位数，则输出数据占m位，左补空格（称为右对齐）。

例如：

printf("%3d",x);

若x = 1234（m小于实际位数），则输出1234。

若x = 12（m大于实际位数），则右对齐输出（左补空格）输出<空格>12。

printf("%-3d",x);

若x = 12，则左对齐输出（右补空格）输出12<空格>。

（2）在%.nf中，n表示小数点后面的位数。若n大于实际小数位数，则小数后补0；若n小于实际小数位数，则各种编译器处理的方式略有不同，通常按“四舍五入”去尾。

例如：

printf("%.3f",f);

当f = 12.3（n大于实际小数位数），则输出12.300。

当f = 12.3146（n小于实际小数位数），则输出12.315。

3.4.2 字符输入/输出函数

cin 输入数据时是以“空格”或“回车换行符”作为分隔符号的。如果我们要输入“空格”或“回车换行符”，该怎么办呢？这时，字符输入/输出函数就该大显身手了！

字符输入函数是 getchar()，字符输出函数是 putchar()，要想使用这两个函数，也必须在程序开始部分包含头文件 cstdio。

```
#include<cstdio>
using namespace std;
```

1. 字符输入函数

getchar() 函数接收从键盘输入的单个字符数据，包括可见字符和不可见字符等。字符输入语句的说明如图 3-8 所示。

字符变量名=getchar();
输入一个字符给变量。

图3-8　字符输入语句的说明

请阅读代码清单 3-8，并尝试在自己的计算机上运行它。

代码清单 3-8

```
#include<iostream>
#include<cstdio>
using namespace std;
int main(){
    char c;
    c=getchar();
    cout<<"xxx"<<c<<"yyy";
}
```

当输入空格时，变量 c 存储空格字符，输出结果如下：

```
xxx yyy
```

当输入回车时，变量 c 存储回车换行符，输出结果如下：

```
xxx
yyy
```

> **注 意**
>
> 字符输入输出函数和cin、cout可以混合使用，但要注意包含不同的头文件。

2. 字符输出函数

请阅读代码清单 3-9，并尝试在自己的计算机上运行它。

代码清单 3-9

```
#include<cstdio>
using namespace std;
int main(){
    char ch='a';
    putchar(ch);
  return 0;
}
```

输出结果如下：

```
a
```

putchar() 函数是字符输出函数，功能是向标准输出设备（如显示器）输出单个字符数据。字符输出语句的说明如图 3-9 所示。

putchar（字符变量）；
向显示器输出字符。

图3-9　字符输出语句的说明

本课主要介绍了如下输入输出语句。

（1）cin——输入流语句。

（2）cout——输出流语句。

（3）scanf()——格式输入函数。

（4）printf()——格式输出函数。

（5）getchar()——输入一个字符。

（6）putchar()——输出一个字符。

练习3-1　输入两个整数，按每个整数占5个字符的宽度并且右对齐输出。

输入样例：

```
58 162
```

输出样例：

```
58   162
```

练习3-2　输入一个单精度浮点数，按保留3位小数输出。

输入样例：

```
12.3
```

输出样例：

```
12.300
```

练习3-3　输入一个双精度浮点数，按保留10位小数输出。

输入样例：

```
3.1415926
```

输出样例：

```
3.1415926000
```

练习3-4　输入3个字符数据，按每个字符占3位且左对齐输出。

输入样例：

```
xyz
```

输出样例：

```
x y z
```

练习3-5　输出由星号（“*”）组成的菱形图案。

输入样例：无

输出样例：

```
   *
  ***
 *****
*******
 *****
  ***
   *
```

练习3-6　输入一个字符，输出由该字符组成的三角形图案。

输入样例：

```
#
```

输出样例：

```
  #
 ###
#####
```

第 4 课 简单的任务：赋值运算和算术运算

最近电影院正在上映一部精彩绝伦的电影，卡路所在的班级要组织大家去观看。班主任交给卡路一项任务，请他帮忙计算全班同学的总票款。又到了大显身手的时刻，卡路决定编写一段程序完成这项任务——输入单张电影票的票价和观看电影的人数，就能计算出总票款。

【例 4-1】 简单的任务。

输入样例：

```
50 32
```

输出样例：

```
1600
```

【数学分析】

按数学应用题解法如下：

解： 设单张电影票的票价为 r 元，班级人数有 p 人，总票款 t 元。（定义数据）

$r=50$，$p=32$　（输入变量）

$t=r\times p=50\times 32=1600$（元）　（计算处理）

答： 全体同学观看电影的总票款是 1600 元。　（输出结果）

【算法描述】

这个问题可以用以下几个步骤来实现。

（1）根据题设，定义单张电影票的票价变量 r、班级人数变量 p 和总票款变量 t，它们都是整型。

（2）输入单张电影票的票价 r 和班级人数 p。

（3）用公式 t= r*p 计算总票款（说明：在程序中用星号“*”代替“×”表示乘法）。

（4）输出总票款 t 的值。

（1）什么是赋值运算？　　（2）什么是算术运算？

例 4-1 的程序实现如代码清单 4-1 所示。

代码清单 4-1

```
#include<iostream>
using namespace std;
int main(){
    int r,p,t;      //定义整型变量r单价、p人数、t总额
    cin>>r>>p;      //输入单价r和人数p
    t=r*p;          //计算总额
    cout<<t<<endl;  //输出总额
    return 0;
}
```

一个程序主体（主函数内）通常包含 4 个部分：定义数据、输入变量、计算处理和输出结果。在前面我们已经了解了如何定义数据、输入变量和输出结

果。从现在开始，我们将逐一介绍计算处理的方法。C++ 语言中有很多运算符和表达式，正是这些丰富的运算符和表达式使 C++ 语言的功能十分完善，这也是 C++ 语言的主要特点之一。本课就来说说 C++ 语言中最基本的赋值运算和算术运算。

4.1 基本赋值运算（“=”的妙用）

想想看，在数学中等号（“=”）是怎么用的？

问： 5+5= ？

答： 5+5=10

由此可知，数学中的等号是从左向右看的，如图 4-1 所示。

图 4-1　等号的妙用

在 C++ 语言中刚好相反，等号（“=”）作为赋值运算符会把等号右边的值送到左边，也就是说，它是从右向左运算的，如例 4-1 中的第 6 行。基本赋值语句的说明如图 4-2 所示。

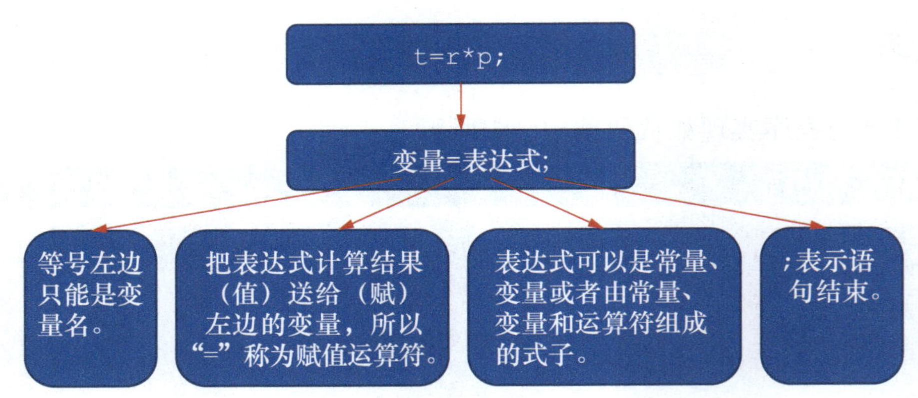

图 4-2　基本赋值语句的说明

> **注 意**
>
> 在进行赋值运算时，如果等号（“=”)两边的数据类型不同，系统会自动进行类型转换，将等号（“=”)右边的数据类型转换成左边的变量类型。

例如，当等号（“=”）左边是整型而右边是实型时，系统将去掉小数部分只保留整数值，并赋给左边（结尾取整）。

【例 4-2】 阅读如下程序，并尝试在自己的计算机上运行它。

```
int a;
a=3.56;
cout<<a;
```

输出结果如下：

```
3
```

4.2　算术运算七兄弟

C++ 中的算术运算，与我们在数学课上学习的类似。不过，除数学中学过的加、减、乘、除四则运算之外，还包括取模、自增和自减运算。为便于记忆，我们把这 7 种运算符称为“算术运算七兄弟”。运算符的说明如图 4-3 所示。

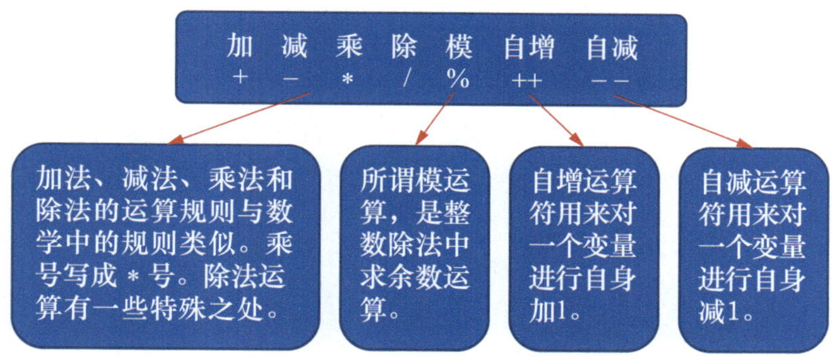

图 4-3　运算符的说明

对于加、减、乘、除这 4 种基本运算，本节不做赘述。需要注意的是，在除法中，C++ 规定“整数 / 整数”的结果是“整数”，“实数 / 实数”的结果是“实数”，如例 4-3 所示。

【例 4-3】

```
5/2 的结果为 2(整数 / 整数 = 整数)
5.0/2 的结果为 2.5(实数 / 整数 = 实数) 自动类型转化
```

下面介绍模运算以及自增和自减运算。

1. 模运算

模运算是在整数除法中的求余数运算，运算符用百分号 % 表示。a%b 就是 a 除以 b 的余数，注意，a 和 b 两个操作数都必须是整数，如例 4-4 所示。

【例 4-4】

```
5%2=1(整数 % 整数 = 整数)
5.0%2(错误，小数没有模)
```

这样就可以推导出 5/2 的结果是商，5%2 的结果是余数。

2. 自增和自减运算

（1）基本运算规则。

【例 4-5】

```
x++；//表示在使用x之后，使x的值加1，即x=x+1；
x--；//表示在使用x之后，使x的值减1，即x=x-1。
```

（2）区分 3 种加法运算。

【例 4-6】

```
int x=5；
① x+1后x的值仍为5不会改变变量x的值
② x=x+1后x的值为6
③ x++后x的值为6
```

（3）前缀自增和后缀自增。

前缀表示变量先加 1 再参与其他运算，后缀表示先参与其他运算再让变量加 1。

【例 4-7】

```
int x=5；
a=(++x)+3；//运算后a=9,x=6
a=(x++)+3；//运算后a=8,x=6
```

分析：

（1）a=(++x)+3；表示 x 先自加 1 变成 6，再与 3 相加，所以 a 的结果为 9。

上式分解成：

```
x=x+1；
a=x+3；
```

（2）a=(x++)+3；表示 x 先与 3 相加，得到 8 送给 a 后，x 再自加 1，所以 a 的结果为 8。

上式分解成：

```
a=x+3；
x=x+1；
```

自减也有前缀和后缀之分，规则同上。

赋值和算术运算的运算顺序可以用一句朗朗上口的顺口溜来帮助记忆。

顺口溜

括号级别最优先，后跟自增和自减，乘除求模紧相随，然后运算是加减。

C++ 的算术运算顺序规则与数学运算顺序规则相同，赋值运算在算术运算之后进行。C++ 的算术运算顺序如图 4-4 所示。

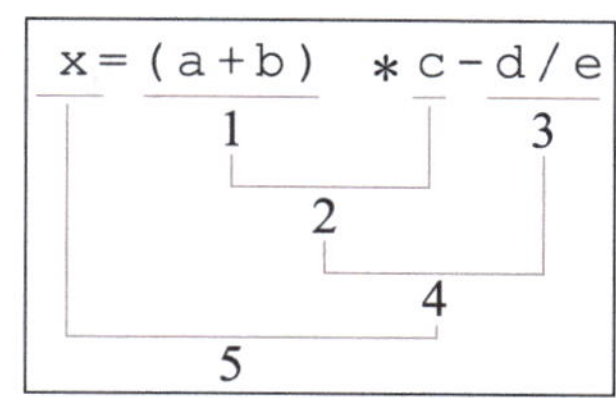

图 4-4 C++ 的算术运算顺序

4.3 运算简写和混合运算

4.3.1 运算简写

运算简写是指算术运算和赋值运算的结合，主要有以下 5 种，如表 4-1 所示。

表 4-1 运算简写

简 写	含 义
a+=b	a=a+(b)
a-=b	a=a-(b)
a*=b	a=a*(b)
a/=b	a=a/(b)
a%=b	a=a%(b)

注 意

a-=b+c相当于a=a-(b+c)。注意，这里括号是必需的。

4.3.2 混合运算

混合运算是指对不同数据类型的运算对象进行运算，这时需要依据数据类型转换规则进行转换。

（1）多类型混合运算时的类型转换规则是“短向长转”，即占字节少的类型向占字节多的类型转换，也就是说，bool、char 向 int 转换，int 向 float 转换，float 向 double 转换。

【例 4-8】

```
① a=3时,a+'a' 的结果为100
```

因为 a 是整型，初值为 3；'a' 是字符型，其 ASCII 值是 97。根据“短向长转”原则，字符型向整型转换取其 ASCII 值，原式变为 a=3+97。

```
② 5+2.5的结果为实型7.5
```

在上式中，5 是整型，2.5 是单精度实型，根据“短向长转”原则，整型向实型转换，原式变为 5.0+2.5。

（2）赋值时的类型转换规则是“右向左转”，即等号右边的类型向等号左边的类型转换。

【例 4-9】

```
① int i=4.2+0.6;//i的值为4
```

虽然运算结果为 4.8，但等号左边的 i 是整型，所以把 4.8 截尾取整赋值给 i。

```
② float f=4 ; //f的结果为4.0
```

（3）所谓强制类型转换，是将某一数据的数据类型临时指定为另一种数据类型。一般形式为：（类型名）表达式。

【例 4-10】

```
int b=7;
① b/2的结果为3
② (float)b/2的结果为3.5
```

取整的 4 种方法

（1）四舍五入法：与数学规定相同。如 3.4 四舍五入后为 3，3.5 四舍五入后为 4。

（2）截尾取整法：无论小数部分是多少都要舍掉。如 3.5 截尾为 3，–3.5 截尾为 –3。

（3）下取整法：取小于或等于数据的最大整数。在 C++ 中，用 floor(数据)函数完成下取整。如 floor(3.5) 结果为 3，floor(-3.5) 结果为 –4。

（4）上取整法：取大于数据的最小整数。在 C++ 中，用 ceil(数据)函数完成上取整。如 ceil(3.4) 结果为 4，ceil(-3.4) 结果为 –3。

注意

要想使用floor(数据)和ceil(数据)函数，需要在程序开头添加如下头文件：

```
#include<cmath>
using namespace std;
```

本课主要介绍了以下内容。

（1）基本赋值运算 =。

（2）基本算术运算包括 +、–、*、/、%、++ 和 – –。

（3）复合算术赋值运算包括 +=、–=、*=、/= 和 %=。

（4）混合运算优先级是“短向长转”“右向左转”，强制类型转换加括号。

练习 4-1　请阅读代码清单 4-2，思考如下问题，并写出输出结果。

代码清单 4-2

```
#include<iostream>
using namespace std;
int main(){
    int a,b,t;
    cin>>a>>b;
    t=a;
    a=b;
    b=t;
    cout<<a<<" "<<b;
    return 0;
}
```

设输入：100 200<CR>，则输出结果为__________。

提示

<CR> 表示回车换行符，这是两个整数交换问题。

练习4-2　阅读代码清单4-3，思考如下问题，并写出输出结果。

代码清单 4-3

```
#include<iostream>
using namespace std;
int main(){
    int a,b,c,d;
    cin>>a>>b>>c;
    d=b*b-4*a*c;
    cout<<d<<endl;
    return 0;
}
```

设输入：2 5 3<CR>，则输出结果为________________。

提示

<CR>表示回车换行符，本程序为输入3个整数a、b、c，计算公式的值。

练习4-3　长方形面积问题。

输入长方形的长 a、宽 b（单位：cm），计算长方形面积。

输入：一行，包含两个单精度实数 a 和 b，数与数之间以一个空格分开，其中 $a > 0$，$b < 100$。

输出：一行，包含长方形面积，即一个实数。

输入样例：

```
3.2 2.8
```

输出样例：

```
8.96
```

练习4-4　球体积问题。

已知球的半径为 r，则其体积的计算公式为 $\frac{4}{3}\pi r^3$（$\pi = 3.14$）。输入半径 r，求体积 V。

输入：一行，包含球半径，即一个不超过100.0的非负实数，类型为double。

输出：一行，包含球的体积，即一个实数。

输入样例：

```
2
```

输出样例：

```
33.4933
```

练习4-5　温度转换问题。

摄氏度是目前世界使用比较广泛的一种温度单位，用符号“℃”表示。华氏度也是用来计量温度的单位，用符号“℉”表示。现在请输入一个华氏温度 f，利用公式 $c = 5 \times (f-32) / 9$ 计算其对应的摄氏温度 c。

输入：一行，包含一个单精度实数 f，表示华氏温度（$f \geqslant -459.67$）。

输出：一行，包含一个实数，表示对应的摄氏温度，要求精确到小数点后3位。

输入样例：

```
100
```

输出样例：

```
37.778
```

练习4-6　卡路的成绩问题。

卡路这学期学习了“人工智能入门”课程。

这门课程的总成绩 = 作业成绩 ×30% + 小测成绩 ×20% + 期末考试成绩 ×50%

期末考试后，卡路想知道这门课程自己最终能得多少分。

输入：一行，包含3个非负整数 a、b、c（a、b 和 c 均大于0且小于100），即卡路的作业成绩、小测成绩和期末考试成绩，3个数据用空格分隔。

输出：一行，包含一个整数，即卡路这门课程的总成绩，满分也是100分。

输入样例：

```
100 100 98
```

输出样例：

```
99
```

第 5 课　卡路的苹果：3 种程序结构

妈妈买了一箱苹果（共 n 个），卡路和路西都很爱吃苹果。不过，妈妈发觉买苹果时箱子里混进了一条虫子。这条讨厌的虫子每 x 小时就能吃掉一个苹果，假设虫子在吃完一个苹果之前不会吃另一个，那么经过 y 小时，箱子里还有多少个完整的苹果呢？

【例 5-1】 苹果问题。

输入：一行，包含 n、x 和 y（均为整数）。

输出：一行，剩下的完整苹果个数。

输入样例：

```
10 4 9
```

输出样例：

```
7
```

【数学分析】

解：设共有 n（10）个苹果，虫子每 x（4）小时吃掉一个，共经过 y（9）小时，吃掉 r 个苹果，剩下 m 个苹果，则

$n=10$（个），$x=4$（小时），$y=9$（小时）；

$r=y\div x=9\div 4=2.25$

因为问有多少个完整的苹果，所以 $r\approx 3$（上取整）；

所以 $m=n-r=10-3=7$（个）

答：还有7个完整的苹果。

【算法描述】

（1）定义苹果个数 n，虫子吃完一个苹果时间 x，共经过时间 y，吃过苹果的个数 r，剩下完整苹果个数 m。

（2）输入 n，x，y（10，4，9）。

（3）r＝上取整（(double) y/x）；m＝n-r。

（4）输出 m。

注 意

因为C++中规定“整数除以整数还得整数”，所以运算中要用强制类型转换，将y/x变成实数除法。

小知识

C++提供了丰富的系统函数供编程者使用，其中用于上取整的函数是 ceil(待取整数据)。要想使用这个函数必须在程序开头声明包含这个函数的头文件如下：

```
#include<cmath>
using namespace std;
```

（1）程序是怎么执行的？　　（2）程序有没有结构呢？

苹果问题的程序实现如代码清单5-1所示。

代码清单 5-1

```
#include<cmath>
#include<iostream>
using namespace std;
int main(){
        int n,r,m,x,y;
        cin>>n>>x>>y;
        r=ceil((double)y/x);
        m=n-r;
        cout<<m<<endl;
        return 0;
}
```

5.1 3种程序结构

前面的程序中每条语句按自上而下的顺序依次执行一遍，这种自上而下（又叫作“自顶向下”）执行的程序结构称为顺序结构。除了顺序结构外，程序还有选择结构和循环结构。

为解决现实世界中的各种问题，大部分程序可用这 3 种控制结构实现，即顺序结构、选择结构和循环结构，如图 5-1 所示。

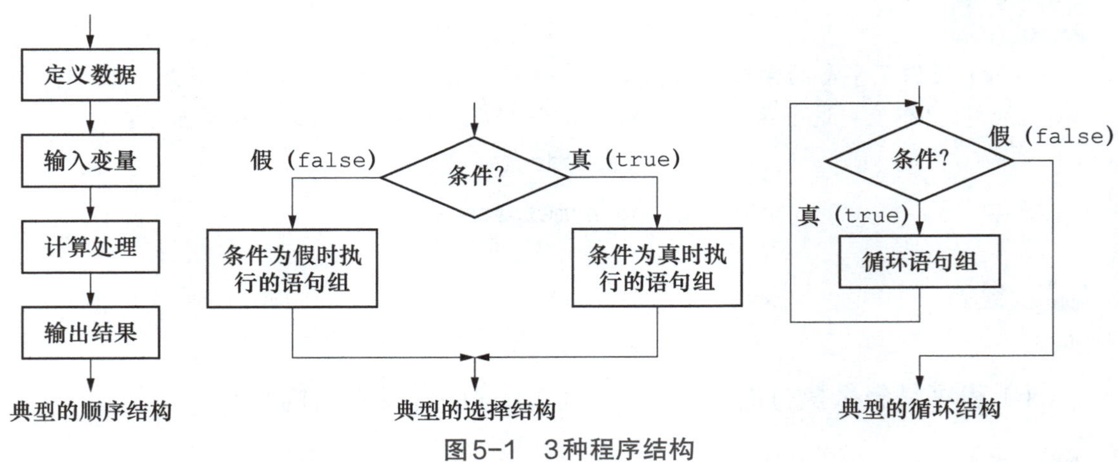

图5-1　3种程序结构

顺序结构是指计算机总是按语句顺序“自顶向下”一条一条地执行。

选择结构又称为分支结构。通常是根据一个条件的“真”或者“假”选择程序中一部分语句（一个分支）执行。

循环结构是指当某个条件为真时，反复执行语句的一种结构。这是计算机中使用较多的一种控制结构，用于解决实际应用中需要重复处理的问题。

本节主要介绍顺序结构，其余两种结构会在后面的课程中介绍。典型的顺序结构如图5-2所示。

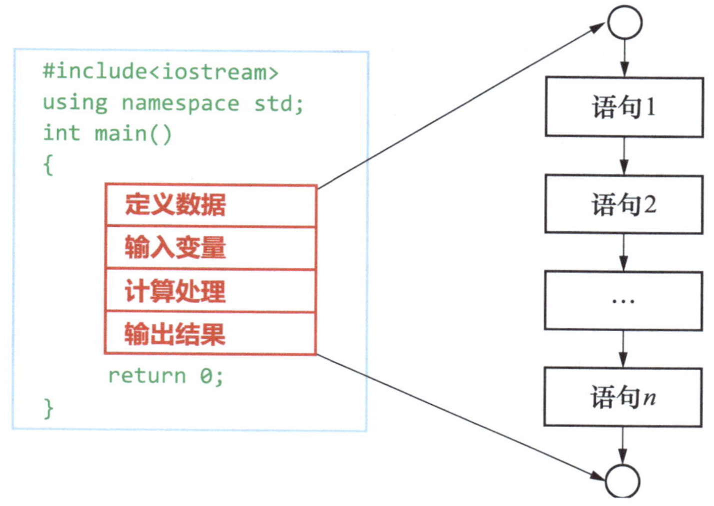

图5-2　典型的顺序结构

5.2　系统函数

在例5-1中，求吃掉苹果的数量时，可以用系统提供的上取整函数。在C++系统中，有许多功能库，我们可以直接使用里面的功能函数编程。其中，数学功能库cmath是较常用的，上取整函数就属于这个库。要想使用数学功能库中的函数，必须在程序开始包含这个库，包含语句如下所示：

```
#include<cmath>
using namespace std;
```

除了上取整，数学函数库还包含其他一些函数。常用的数学函数如表5-1所示。

表 5-1　常用的数学函数

函数名	格式	功能说明	例子
绝对值函数	abs(x)	求一个数 x 的绝对值	abs(-5)=5
向下取整	floor(x)	求不大于实数 x 的最大整数	floor(3.14)=3
向上取整	ceil(x)	求不小于实数 x 的最小整数	ceil(3.14)=4
指数函数	pow(x,y)	计算 x 的 y 次幂，结果为双精度实数	pow(2,3)=8
随机函数	rand()	产生 0 到 RAND_MAX 之间的随机整数	rand()
平方根值函数	sqrt(x)	求实数 x 的平方根	sqrt(25)=5

5.3　顺序结构程序举例

【例 5-2】 数字反转问题。

给定一个 3 位整数，请将该数各位上的数字反转得到一个新数，例如，输入 345，反向输出 543，如图 5-3 所示。

图5-3　数字反转

输入：一行，包含一个 3 位整数 n。

输出：一行，反向输出 n。

输入样例：

```
345
```

输出样例：

```
543
```

【数学分析】

这是一个数位拆分与合并的问题，如图 5-4 所示。

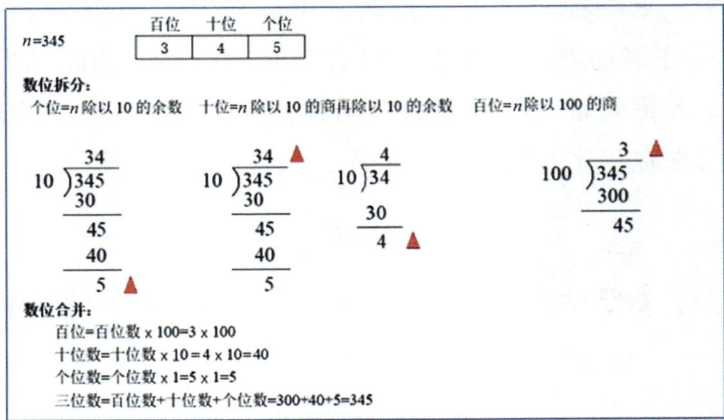

图5-4　数位拆分与合并

【算法描述】

这个问题可以用以下几个步骤来实现。

（1）根据题设，定义三位数 n、反向三位数 m、个位 a、十位 b 和百位 c。

（2）输入三位数 n。

（3）数位拆分：计算 a、b、c；数位合并：将 a、b、c 合并成反向三位数 m。

（4）输出反向三位数 m。

数字反转问题的程序实现如代码清单 5-2 所示。

代码清单 5-2

```
#include<iostream>
using namespace std;
int main(){
    int n,a,b,c,m;
    cin>>n;
    a=n%10;        //取个数
    b=n/10%10;     //取十位
    c=n/100;                //取百位
    m=a*100+b*10+c;
    cout<<m<<endl;
    return 0;
}
```

提示

数位拆分与数位合并可以有多种实现方法，你可以想一想还有哪些方法。

【例 5-3】 歌唱比赛打分问题。

路西去参加了小歌手大赛（见图 5-5）。大赛上，6 名评委给她打分，6 个人打分的平均分为 9.6 分。如果去掉一个最高分，路西的平均分为 9.4 分；如果去掉一个最低分，她的平均分为 9.8 分；如果去掉一个最高分和一个最低分，路西妹妹的平均分是多少？

输入：无。

输出：一行，包含平均分的浮点数。

输入样例：无

输出样例：

```
9.6
```

图5-5 歌唱比赛打分

【数学分析】

分析：先求出 6 名评委的总分，然后根据去掉最高分的总分和最低分的总分，求出最高分的分值和最低分的分值，最后总分减去最高分和最低分除以 4 即是答案。

解：设 6 名评委总分是 sc_all，去掉最高分的总分是 sc_high，去掉最低分的总分是 sc_low，最高分是 high，最低分是 low，去掉最低分和最高分的平均分是 ans。

6 名评委的总分 sc_all = 6 × 9.6 = 57.6（分）

去掉最高分的总分 sc_high = 5 × 9.4 = 47（分）

去掉最低分的总分 sc_low = 5 × 9.8 = 49（分）

最高分 high = sc_all - sc_high = 57.6 - 47 = 10.6（分）

最低分 low = sc_all - sc_low = 57.6 - 49 = 8.6（分）

去掉最低和最高的平均分 ans =（sc_all - high - low）÷ 4 = 9.6（分）

答：去掉最低分和最高分，路西妹妹的平均分是 9.6 分。

【算法描述】

（1）定义变量，均为 double 型。6 名评委总分是 sc_all，去掉最高分的总分是 sc_high，去掉最低分的总分是 sc_low，最高分是 high，最低分是 low，去掉最低分和最高分的平均分是 ans。

（2）略（此程序没有输入）。

（3）程序如下。

```
sc_all=6*9.6;
sc_high=5*9.4;
```

```
sc_low=5*9.8;
high=sc_all - sc_high;
low=sc_all - sc_low;
ans=(sc_all-high-low)/4;
```

（4）输出 ans。

其中，第（3）步也可以写成：

```
high=6*9.6-5*9.4;
low=6*9.6-5*9.8;
ans=(6*9.6-high-low)/4;
```

或

```
ans=((6*9.6)-((6*9.6)-(5*9.4))-((6*9.6)-(5*9.8))/4;
```

歌唱比赛打分问题的程序实现如代码清单 5-3 所示。

代码清单 5-3

```
#include<iostream>
using namespace std;
int main(){
    double high,low,sc_all,sc_high,sc_low,ans;
    sc_all=6*9.6;
    sc_high=5*9.4;
    sc_low=5*9.8;
    high=sc_all-sc_high;
    low=sc_all-sc_low;
    ans=(sc_all-low-high)/4;
    cout<<ans;
    return 0;
}
```

【例 5-4】 分糖果问题。

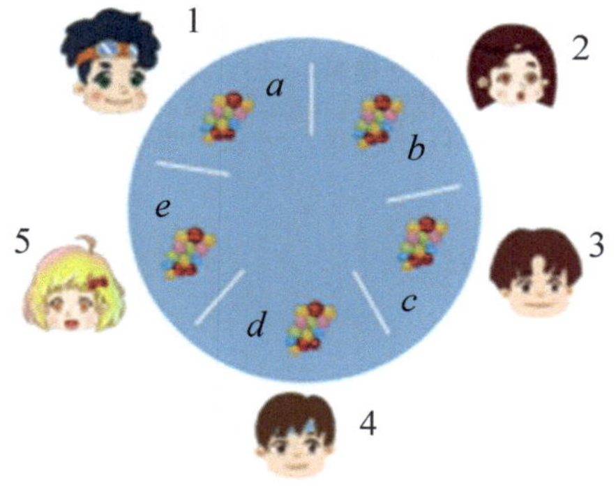

图5-6　分糖果

一天，卡路和 4 位好朋友一起玩一个分糖果的游戏。游戏规则是这样的：设定他们的编号分别为 1、2、3、4、5，并且按编号顺序围坐在一张圆桌旁，如图 5-6 所示。他们每个人都有一些糖果，从 1 号开始，将自己的糖果均分为 3 份（如果有多余的糖果，则立即吃掉），自己留一份，其余两份分给他相邻的两位朋友。接着 2 号、3 号、4 号和 5 号做同样的事。

问经过一圈后，每个小朋友手上分别有多少糖果？卡路编写了一段程序来求解这个问题。

输入：一行，5 个整数表示每个小朋友原有的糖果数。

输出：一行，5 个整数表示分完后每个小朋友的糖果数。

输入样例：

```
8 9 10 11 12
```

输出样例：

```
11,7,9,11,6
```

【数学分析】

分析：题目中有 5 位小朋友，他们初始时的糖果数目不确定，用 a、b、c、d、e 分别代表 5 个小朋友的糖果数。

“将自己的糖果均分为 3 份（如果有多余的糖果，则立即吃掉）”表明在除以 3 时只取商，而忽略余数。

解：如图 5-7 所示，设 5 位小朋友初始的糖果数目是 $a=8$，$b=9$，$c=10$，$d=11$，$e=12$。

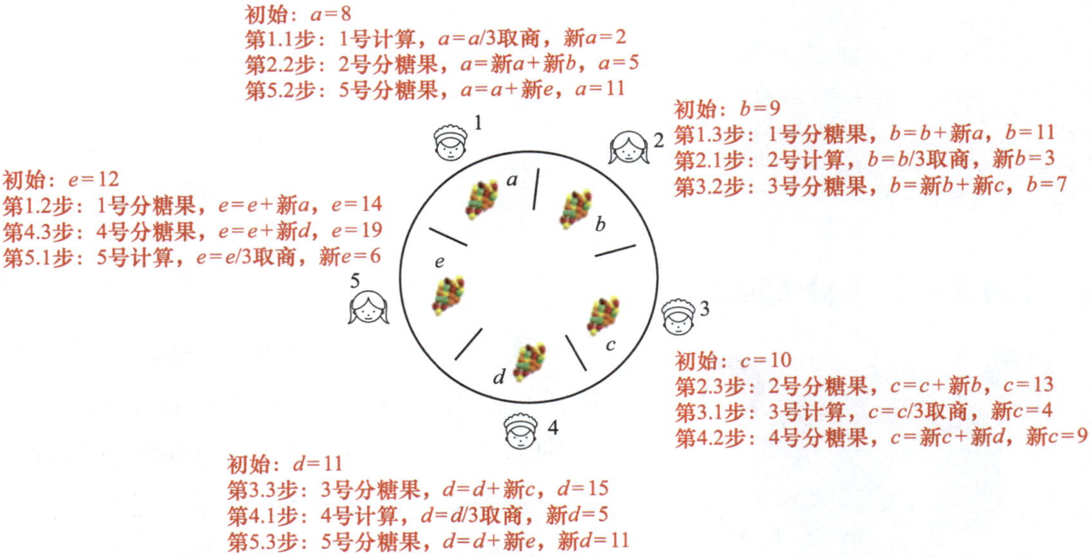

图 5-7　分糖果分析

第 1 位小朋友将糖果分为 3 份（如果有多余的糖果，则立即吃掉）：$a=a\div 3$ 取商 =2。

第 1 位小朋友自己留一份，其余两份分给他的相邻的两个小朋友：$e=e+2=14$，$b=b+2=11$。

以此类推，则有

第 2 位小朋友：$b=b\div 3$ 取商 $=11\div 3$ 取商 $=3$（此时 b 值已经因为 a 的操作而改变）。

第 2 位小朋友分给相邻小朋友：$a=a+b=5$，$c=c+b=13$。

第 3 位小朋友：$c=c\div 3$ 取商 $=4$，分给相邻小朋友：$b=b+c=7$，$d=d+c=15$。

第 4 位小朋友：$d=d\div 3$ 取商 $=5$，分给相邻小朋友：$c=c+d=9$，$e=e+d=19$（e 以变为 14）。

第 5 位小朋友：$e=e\div 3$ 取商 $=6$，分给相邻小朋友：$d=d+e=11$，$a=a+e=11$。

答：分完糖果后 5 位小朋友的糖果数目分别是 11、7、9、11、6。

【算法描述】

（1）定义整型变量，糖数分别为 a，b，c，d，e。

（2）输入 a，b，c，d，e 的初始值。

（3）
```
a=a/3;b=b+a;e=e+a;
b=b/3;c=c+b;a=a+b;
c=c/3;d=d+c;b=b+c;
d=d/3;e=e+d;c=c+d;
e=e/3;a=a+e;d=d+e;
```

（4）输出 a,b,c,d,e。

注意

（1）根据C++ “整数除以整数结果还是整数”的特性，a/3即表示取商。

（2）变量是其值可以改变的量，每一次运算都导致相关变量的值变化。

分糖果问题的程序实现如代码清单 5-4 所示。

代码清单 5-4

```
#include<iostream>
using namespace std;
int main(){
    int a,b,c,d,e;
```

```
    cin>>a>>b>>c>>d>>e;
    a=a/3;b=b+a;e=e+a;
    b=b/3;c=c+b;a=a+b;
    c=c/3;d=d+c;b=b+c;
    d=d/3;e=e+d;c=c+d;
    e=e/3;a=a+e;d=d+e;
    cout<<a<<","<<b<<","<<c<<","<<d<<","<<e<<endl;
    return 0;
}
```

小知识

C++ 编程语句书写灵活，可以把多条语句写在一行上。

【例 5-5】 分树苗问题。

春天来了，卡路、路西和科迪准备去植树（见图 5-8）。他们每个人都有不同数量的小树苗，共有 24 棵。为了公平，他们决定重新分配，让每个人的树苗一样多。先由卡路分树苗给路西和科迪两人，所分给的数量和路西、科迪两人已有的数量一样多；接着由路西分给卡路和科迪树苗，分法同前；再由科迪分树苗给卡路和路西，分法也同前。经过上述 3 次分配，每个人拥有的树苗一样多了。请编写一段程序，计算原来每个人有多少棵小树苗？

图 5-8　分树苗

输入：无。

输出：一行，包含 3 个整数，表示原来 3 个人拥有的树苗数量。

输入样例： 无

输出样例：

```
13,7,4
```

【数学分析】

分析： 此题可以采用从后向前倒推的方式计算，给 3 个人编号为甲、乙、丙。设甲、乙、丙这 3 个人的树苗数分别为 a、b、c，从最后结果入手，按反向顺序，分步骤推算出每次每人当时的树苗棵数。

（1）总共 24 棵，最后每人一样多，则 $a=b=c=8$。

（2）丙分树苗给甲和乙，所分棵数与甲、乙原有一样多，所以此次分配前：甲的棵数是 $a=a\div2$；乙的棵数是 $b=b\div2$；丙的棵数是 $c=a+b+c$。

（3）乙分树苗给甲和丙，所分棵数与甲、丙原有一样多，所以此次分配前：甲的棵数是 $a=a\div2$；丙的棵数是 $c=c\div2$；乙的棵数是 $b=a+b+c$。

（4）甲分树苗给乙和丙，所分棵数与甲、丙原有一样多，所以此次分配前：乙的棵数是 $b=b\div2$；丙的棵数是 $c=c\div2$；甲的棵数是 $a=a+b+c$。

此时即得甲、乙、丙的原先树苗棵数。

【算法描述】

（1）定义变量，甲、乙、丙的树苗棵数分别为 a、b、c，均为整型数。

（2）略（此程序没有输入）。

（3）a=b=c=8;

a=a/2;b=b/2;c=a+b+c;

a=a/2;c=c/2;b=a+b+c;

b=b/2;c=c/2;a=a+b+c;

（4）输出 a,b,c。

分树苗问题的程序实现如代码清单 5-5 所示。

代码清单 5-5

```
#include<iostream>
using namespace std;
int main(){
    int a,b,c;
    a=b=c=8;
    a=a/2;b=b/2;c=a+b+c;
    a=a/2;c=c/2;b=a+b+c;
    b=b/2;c=c/2;a=a+b+c;
    cout<<a<<","<<b<<","<<c<<endl;
    return 0;
}
```

提示

程序第 5 行称为连续赋值语句，在运算中这是允许的，等价于 a=8,b=8,c=8。但在定义数据时不允许连续初始化，只能逐个变量初始化。例如，int a=b=c=8;（错误）。

本课主要介绍了如下内容。

（1）通常程序有 3 种结构：顺序、选择和循环。

（2）常用的系统数学函数有 abs(x)、floor(x)、ceil(x)、pow(x,y)、rand() 和 sqrt(x)。

（3）几个顺序结构程序举例：数字反转问题、歌唱比赛打分问题、分糖果问题和分树苗问题。

练习 5-1　分数转小数问题。

输入两个非 0 整数 a 和 b 分别作为分子和分母，即分数 a/b，求它所对应的实数数值（双精度浮点数）。

输入：一行，包含两个整数 a 和 b（$-1000 < a,\ b < 1000$ 且 $a \neq 0,\ b \neq 0$）。

输出：一行，一个双精度实数，即分数 a/b 所对应的实数值。

输入样例：

```
5 9
```

输出样例：

```
0.555556
```

练习 5-2　勾股定理问题。

已知图 5-9 所示的直角三角形 ABC，编程输入两条直角边的边长 a 和 b，计算斜边 AC 的长度 c。

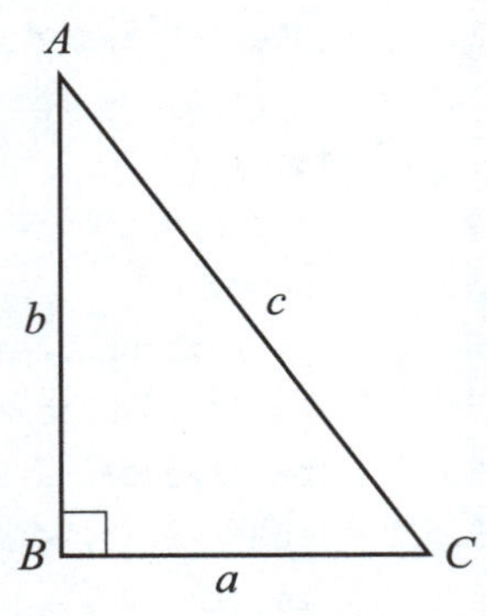

图 5-9　直角三角形 ABC

提示

根据勾股定理“直角三角形的两条直角边的平方和等于斜边的平方（$c^2=a^2+b^2$）”，可知$c=\sqrt{a^2+b^2}$（$\sqrt{x}$ 可以用 sqrt(x) 函数表示）。

输入：一行，包含两个单精度实数 a 和 b（$0 < a, b < 1000$），即两条直角边边长。

输出：一行，一个单精度实数 c，即斜边长度。

输入样例：

```
3.2 5.8
```

输出样例：

```
6.6242
```

练习5-3　线段长度问题（见图5-10）。

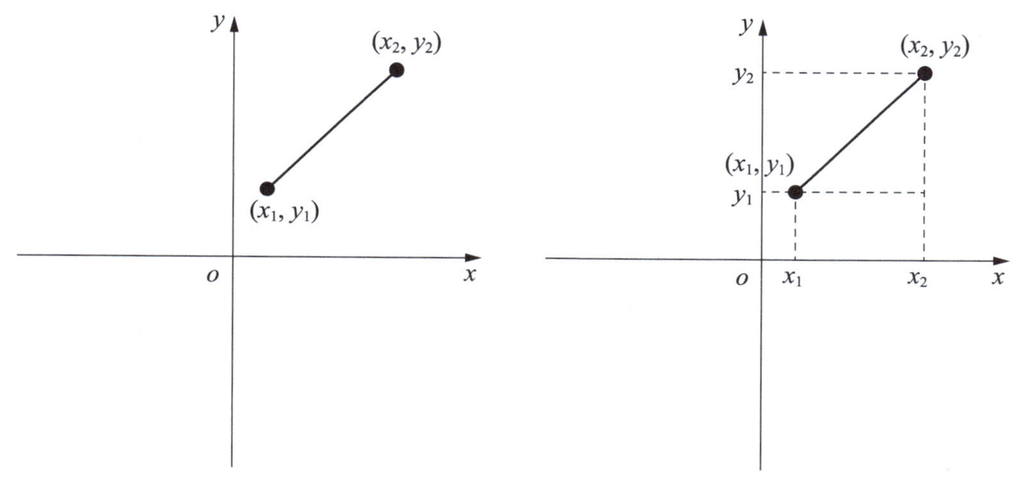

图5-10　平面直角坐标系中线段两端点的坐标是(x_1,y_1)和(x_2,y_2)

已知平面直角坐标系中线段两端点的坐标是 (x_1, y_1) 和 (x_2, y_2)，则线段长度公式为

$$\text{length}=\sqrt{(x_1-x_2)^2+(y_1-y_2)^2}$$

编写程序，输入线段两端点的坐标，计算并输出线段的长度。

输入：一行，包含4个整数 x_1、y_1、x_2 和 y_2，数与数之间以一个空格分开（$-1000 < x_1, x_2, y_1, y_2 < 1000$）。

输出：一行，包含一个双精度实数，即线段的长度。

输入样例：

```
1 2 3 4
```

输出样例：

```
2.82843
```

练习5-4　等差数列问题。

等差数列是指从第二项起，每一项与它的前一项的差等于同一个常数的一种数列，常用 *A*、*P* 表示。例如，1,3,5,7,9,⋯,2*n*−1。其中，这个常数叫作等差数列的公差，公差常用字母 *d* 表示，上述等差数列中 $d=2$。

如果一个等差数列的首项为 a_1，公差为 d，那么该等差数列第 n 项的表达式为

$$a_n = a_1 + (n-1) \times d$$

称为等差数列的通项公式。

若一个等差数列的首项为 a_1，末项为 a_n，项数为 n，那么该等差数列前 n 项和表达式为

$$S_n = \frac{n \times (a_1 + a_n)}{2}$$，即 (首项 + 末项) × 项数 ÷ 2

称为等差数列前 n 项和公式。

编写程序输入等差数列的第 1 项 a_1，第 2 项 a_2，项数 n，计算等差数列的前 n 项之和。

输入：一行，包括 3 个整数 a_1，a_2，n，数与数之间以一个空格分开。（$0 < a_1, a_2, n < 10000$）

输出：一行，包含一个整数，即等差数列的前 n 项之和。

输入样例：

```
1 3 4
```

输出样例：

```
16
```

提示

先根据 a_1 和 a_2 求公差 d，再根据通项公式计算 a_n，最后根据前 n 项和公式，计算前 n 项和。

练习 5-5　加法原理问题。

加法原理又称分类计数原理，是排列组合中的一种基本原理。具体是指：完成一件事情有 n 类方式，第一类方式有 M_1 种方法，第二类方式有 M_2 种方法……第 n 类方式有 M_n 种方法，那么完成这件事情共有 $M_1 + M_2 + \cdots + M_n$ 种方法。注意，每种方法都能独立完成这件事情。

已知从北京到上海有乘汽车、火车和飞机 3 种交通方式可供选择，乘汽车有 k_1 种路线到达，乘火车有 k_2 个班次可以到达，乘飞机有 k_3 个班次到达，那么从北京到上海共有 $k_1+k_2+k_3$ 种方法可以到达。

编写程序，输入 k_1、k_2 和 k_3，计算从北京到上海共有几种方法到达。

输入：一行，包含 3 个整数 k_1、k_2 和 k_3，数与数之间以一个空格分开。（$0 < k_1, k_2, k_3 < 1000$）

输出：一行，包含一个整数，即从北京到上海的到达方法个数。

输入样例：

```
9 8 7
```

输出样例：

```
24
```

练习 5-6　乘法原理问题。

乘法原理是排列组合中的另一种基本原理。具体是这样的：做一件事，完成它需要分成 n 个步骤，做第一步有 m_1 种不同的方法，做第二步有 m_2 种不同的方法……做第 n 步有 m_n 种不同的方法，那么完成这件事共有 $N = m_1 \times m_2 \times m_3 \times \cdots \times m_n$ 种不同的方法。注意，每种方法不能独立完成这件事情。例如，利用数字 1、2、3、4、5 组成不重复的 3 位数，那么百位数有 5 种选择，十位数有 4 种选择，个位数有 3 种选择，所以共有 $5 \times 4 \times 3 = 60$ 种不重复的 3 位数组合。

已知从北京到上海中间必须经过济南，从北京到济南共有 k_1 条路线，从济南到上海共有 k_2 条路线，那么从北京经过济南到达上海共有 $k_1 \times k_2$ 条路线。

编写程序，输入 k_1 和 k_2，计算从北京经过济南到达上海共有几条路线。

输入：一行，包含两个整数 k_1 和 k_2，数与数之间以一个空格分开，其中

$0 < k_1$，$k_2 < 1000$。

输出：一行，包含一个整数，即从北京经过济南到达上海的路线数。

输入样例：

```
3 6
```

输出样例：

```
18
```

第 6 课　艰难的任务：程序格式与数据定义

最近展览馆正在举办一场精彩的人工智能科技展。卡路的好朋友约他下周去看展览，但卡路太忙了，他每周一、三、五都要完成老师布置的任务，不能去看展览。卡路编写了一段程序：输入朋友约定的星期几，以判断自己能否接受朋友的邀请，如果能就输出 YES，如果不能就输出 NO。

【例 6-1】 艰难的约定。

输入：一行，包含一个整数，用数字 1 到 7 表示星期一到星期日，即朋友约定去看展览的日子。

输出：一行，包含一个字符串，如果卡路可以接受邀请，输出 YES；否则，输出 NO。

样例输入：

```
2
```

样例输出：

```
YES!
```

【数学分析】

解： 设星期几是 day。

如果 day = 1 或者 day = 3 或者 day = 5，卡路必须做任务不能去，则输出 NO;

如果 day = 2 或者 day = 4 或者 day = 6 或者 day = 7，卡路不用做任务可以去，接受邀请，则输出 YES。

答： 根据 day 的输入，可以得到 NO 或者 YES 两个中的一个。

【算法描述】

（1）定义表示星期几变量 day。

（2）输入 day。

（3）判断，如果 day=1 或者 day=3 或者 day=5，输出 NO；否则只能是 day=2 或者 day=4 或者 day=6 或者 day=7，输出 YES。

（4）输出在（3）中。

（1）怎么进行判断呢？　　（2）判断的结果都有哪些呢？

具体程序实现如代码清单 6-1 所示。

代码清单 6-1

```
#include<iostream>
using namespace std;
int main(){
    int day;
    cin>>day;
    if(day==1||day==3||day==5)
        cout<<"NO!"<<endl;
    else
        cout<<"YES!"<<endl;
    return 0;
}
```

要解决现实世界中的各种问题，大部分程序可用 3 种控制结构实现：顺序结构、选择结构和循环结构。

在选择结构和循环结构中，通常需要根据条件的“真”和“假”来选择或重复执行部分语句。这就需要用到关系运算和逻辑运算，例 6-1 中的选择结构 `if` 语句就综合应用了这两种运算。

6.1　关系运算

关系运算规则与数学中的比较运算相似，主要用于数值大小的比较。关系运算符号包括以下 6 种，如图 6-1 所示。关系运算的结果只能是两种逻辑值之一，即 `true`（真）和 `false`（假）。通常在运算结果中用“1”表示真，用“0”表示假。

	大于	大于或等于	小于	小于或等于	等于	不等于
数学中：	>	⩾	<	⩽	=	≠
C++中：	>	>=	<	<=	==	!=

图6-1　关系运算符号

C++ 中的关系运算规则比较简单，但也有些独特之处，下面通过几个例题加以介绍，先来看代码清单 6-2。

代码清单 6-2

```
#include<iostream>
using namespace std;
int main(){
    int n1=4,n2=5;
    cout<<(n1>n2)<<endl;
    cout<<(n1<n2)<<endl;
    cout<<(n1==4)<<endl;
    cout<<(n1!=4)<<endl;
    cout<<(n1==1+3)<<endl;
    return 0;
}
```

输出结果：________________

答案为：

```
0
1
1
0
1
```

【例 6-2】 写出下列运算的结果。

（1）已知 $a=5$，$b=4$，$c=3$，则 $a>b>c$ 的结果为________。

解析： 结果为 0。

关系运算属于双目运算，也就是说，同时只能求两个数之间的关系。原式会按从左到右的顺序两两运算，先算 $a>b$，结果为 1，再算 $1>c$，结果为 0。这是与数学运算规则的不同之一，注意区别！

（2）已知 `int a, b, c=3`，则 $a<b<c$ 的结果为________。

解析： 结果为 1。

虽然这里的 a 和 b 没有值，但根据关系运算是双目运算的规则，无论 a、b 是什么值，“$a<b$”的结果只能是 1 或 0，而这个结果永远小于 c，所以最终结果为真（即 1）。

（3）已知 `int a, b=5`，则执行 `a=(b= =4)` 后 a 的值为________。

解析： a 的值为 0。

双等“= =”与单等“=”的区别在于，双等“= =”表示关系判断两个数是否相等，单等“=”表示赋值。本式先判断相等，再赋值。这与数学运算写法不同，初学者容易混淆。

小知识

双目运算是指有两个操作数参与的运算，前面介绍的算术运算（除自增和自减）、关系运算等都属于双目运算。

6.2 逻辑运算

C++ 语言提供了 3 种逻辑运算——逻辑非、逻辑与、逻辑或。逻辑运算的操作数是逻辑值，结果也是逻辑值，逻辑运算符号如图 6-2 所示。

图 6-2　逻辑运算符号

3 种逻辑运算的规则如表 6-1 所示。

表 6-1　3 种逻辑运算规则

运　算	符　号	规　则	示　例
逻辑非	!	非真为假，非假是真	!true 的结果是 false !false 的结果是 true
逻辑与	&&	“同时为真，结果为真，其余为假”，或者可以说成“有假即为假”	true&&true 的结果为 true true&&false 的结果为 false false&&true 的结果为 false false&&false 的结果为 false
逻辑或	||	“同时为假，结果为假，其余为真”，或者可以说成“有真即为真”	true||true 的结果为 true true||false 的结果为 true false||true 的结果为 true false||false 的结果为 false

逻辑非（!）属于单目运算符，逻辑与（&&）和逻辑或（||）属于双目运算符。在这 3 种逻辑运算中，逻辑非（!）优先级别最高，逻辑与（&&）的优先级高于逻辑或（||）。参与运算的表达式可以用“非 0”表示真，“0”表示假；而逻辑运算结果，用“1”表示真，“0”表示假。

小知识

单目运算是指只有一个操作数参与的运算，如前面介绍的自增（++）、自减（--）和逻辑非（!）都是单目运算。

“优先级”是指在同时出现多个运算符时，执行运算的先后顺序。优先级高的先运算。

再来看代码清单 6-3。

代码清单 6-3

```
#include<iostream>
using namespace std;
int main(){
    int n1=4,n2=0;
    cout<<!n1<<" "<<!n2<<endl;
    cout<<(n1&&!n2)<<" "<<(n1&&n2)<<" "<<(!n1&&!n2)<<" "<<(!n1&&n2)<<endl;
    cout<<(n1||!n2)<<" "<<(n1||n2)<<" "<<(!n1||!n2)<<" "<<(!n1||n2)<<endl;
```

```
8.      return 0;
9. }
```

输出结果为__________。

答案为：

```
0 1
1 0 0 0
1 1 1 0
```

6.3 其他常用运算

除了关系和逻辑运算，其他常用运算还包括条件运算和逗号运算。

6.3.1 条件运算——“? :”

条件表达式如图 6-3 所示。条件运算过程：3 个表达式可以是任何类型的表达式，先求解表达式 1；若表达式 1 结果非 0（真），则将表达式 2 的值作为整个表达式的结果；若表达式 1 的结果为 0（假），则将表达式 3 的值作为整个表达式的结果。

表达式1? 表达式2: 表达式3

图6-3 条件表达式

【例 6-3】

```
(1) max=(a>b)?a:b
```

就是将 a 和 b 二者中较大的一个赋给 max。

```
(2) min=(a<b)?a:b
```

就是将 a 和 b 二者中较小的一个赋给 min。

6.3.2 逗号运算——“,”

逗号表达式如图 6-4 所示。逗号运算中的表达式可以是任意类型的表达式。多个表达式用逗号分开，每个表达式单独计算，整个逗号表达式的结果是最后一个表达式的值。

表达式1，表达式2，…，表达式n

图6-4 逗号表达式

【例 6-4】

已知 b=2，c=7，d=5，则执行 a1=(++b,c--,d+3) 后的结果为____________。

解析：结果 a1=8，其他各变量的值分别为 b=3，c=6，d=5。

6.4 混合运算

在 C++ 中允许多种运算组合出现，这时要注意计算过程和优先级。

6.4.1 经典混合运算举例

（1）x 是 5 和 10 之间的一个数，在程序中的表达式为_______________。

解析：在程序中的表达式为 (5<x)&&(x<10)。

在数学中表示为 $5<x<10$ 即可，但在 C++ 语言中，5<x<10 的结果永远为 1（true）。这是因为根据计算过程，会先算 5<x，无论 x 为何值，结果只能是 0 或者 1，而 0 或者 1 永远都小于 10，所以结果为 1。

（2）如何判断 x 是否是偶数？

解析：用 x%2==0 为真判断。

我们知道，偶数除以 2 的余数都是 0，所以可以用下列 4 种表示中的一种。

- x%2==0 为真表示偶数，为假表示奇数。
- x%2==1 为真表示奇数，为假表示偶数。
- x%2!=0 为真表示奇数，为假表示偶数。
- x%2!=1 为真表示偶数，为假表示奇数。

（3）如何表示"x 能被 n 整除"？

解析：用 x%n==0 为真表示。

如果 x 能被 n 整除，则说明 x 除以 n 的余数为 0，否则余数不为 0，所以我们只需用 x%n==0 为真来表示 x 能被 n 整除。

（4）如何表示"x 既能被 n 整除又能被 m 整除"？

解析：用 (x%n==0)&&(x%m==0) 为真表示。

"既……又……"是逻辑与关系，我们可以用 (x%n==0)&&(x%m==0) 表示。

（5）如何表示字符变量 ch 是大写字母？

解析：用 `ch>='A'&&ch<='Z'` 为真表示。

如果 ch 是大写字母，则 ch 大于或等于 'A' 并且 ch 小于或等于 'Z' 为真。当然，也可以有其他写法，同学们可以自行研究。

（6）已知 $a=0$，$n=3$，则执行 `a &&(n=5)` 后 n 的值为____________。

解析：n 的值为 3。

这是因为 a 为 0，而 0 与任何操作数“逻辑与”的结果都为 0，系统就不会再计算 n=5 了，这称为“逻辑与的短路运算”。

（7）已知 $a=1$，$n=3$，则 `a||(n=5)` 后 n 的值为____________。

解析：n 的值为 3。

这是因为 a 为 1，而 1 与任何操作数“逻辑或”的结果都为 1，系统也不会再计算 n=5 了，这称为“逻辑或的短路运算”。

类似这种混合运算，在 C++ 中还有很多，这里只是简单介绍了几个。

6.4.2 混合运算时的优先级

在 C++ 中，运算的优先级反映了计算过程的先后顺序。几种运算的优先级关系如图 6-5 所示。括号的优先级最高，单操作数运算（如自增、自减或逻辑非等）的优先级位列第二，算术运算优先级居于第三位，关系运算的优先级居于第四位，逻辑运算优先级居于第五位，而条件运算、赋值运算、逗号运算的优先级更低。同级运算按照由左至右的顺序进行。

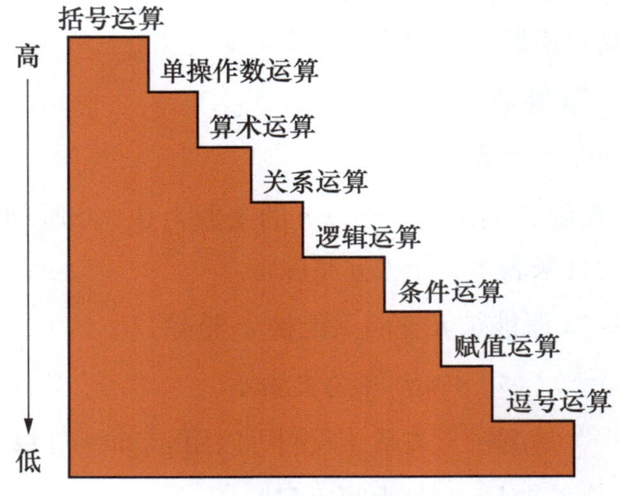

图6-5 运算的优先级关系

小知识

括号是可以嵌套的。例如，在数学中写成“$\{[(a+b)c]+d\}/e$”的算式，在 C++ 中需要写成 (((a+b)*c)+d)/e。

当括号嵌套多层时，左括号和右括号一定要配对使用，即有几个左括号，就要有几个右括号，否则程序出错。

顺口溜

常用运算优先级可用如下顺口溜辅助记忆：

括号级别最优先，单目跟在它后面，算术关系和逻辑，条件赋值和逗号。

本课主要介绍了如下内容。

（1）关系运算 6 种：大于 >、大于或等于 >=、小于 <、小于或等于 <=、等于 == 以及不等于 !=。

（2）逻辑运算 3 种：逻辑非！、逻辑与 &&、逻辑或 ||。

（3）条件运算：表达式 1 ？表达式 2：表达式 3。

（4）逗号运算：表达式 1, 表达式 2,⋯, 表达式 n。

（5）各种混合运算及其优先级。

练习 6-1　阅读代码清单 6-4，写结果。

代码清单 6-4

```
#include<iostream>
using namespace std;
int main(){
    int a,b,d=241;
    a=d/100%9;
    b=(-1)&&(-1);
    cout<<a<<","<<b;
    return 0;
}
```

结果为______________。

练习6-2　阅读代码清单6-5，写结果。

代码清单 6-5

```
#include<iostream>
using namespace std;
int main(){
      int a=5,b=6,w=1,x=2,y=3,z=4;
      (a=w>x)&&(b=y>z);
      cout<<a<<","<<b;
      return 0;
}
```

结果为______________。

练习6-3　阅读代码清单6-6，写结果。

代码清单 6-6

```
#include<iostream>
using namespace std;
int main(){
      int a,b;
      cin>>a;
      b=a>12?a+10:a-12;
      cout<<b;
      return 0;
}
```

已知输入：

```
12
```

则结果为______________。

练习6-4　阅读代码清单6-7，写结果。

代码清单 6-7

```
#include<iostream>
using namespace std;
int main(){
      int m=1,a=2,b=3,c=4;
      m=(m>a) ?m:a;
      m=(m>b) ?m:b;
      m=(m>c) ?m:c;
```

```
    cout<<m;
    return 0;
}
```

结果为________________。

练习 6-5　阅读代码清单 6-8，写结果。

代码清单 6-8

```
#include<iostream>
using namespace std;
int main(){
    int a=1,b,c;
    a*=3+2;
    cout<<a<<endl;
    a*=b=c=6;
    cout<<a<<endl;
    a=b==c;
    cout<<a<<endl;
    return 0;
}
```

结果为________________。

练习 6-6　阅读代码清单 6-9，写结果。

代码清单 6-9

```
#include<iostream>
using namespace std;
int main(){
    int x1,x2,y1,y2;
    int a=5,b=7,c=0;
    x1=!c;
    x2=a!=b;
    cout<<x1<<","<<x2;
    y1=c && b;
    y2=c || b;
    cout<<y1<<","<<y2;
    return 0;
}
```

结果为________________。

第 7 课　队长的计划：选择结构

又到了暑假，卡路报名参加了一个夏令营。这是他第一次独自外出，感觉好极了！

今天是正式开营的第一天，老师给他安排了两个伙伴——贝贝和小虎，就这样他们 3 个组成了一个“无敌小队”。老师给这个“无敌小队”分配了一项艰巨的任务，并要求他们制订一个行动计划。

很快，3 个小伙伴都说出了自己的计划。不过，该听谁的呢？每个计划各有特色，有点难以取舍。卡路灵机一动，想出一个绝妙的主意：按照他们 3 人年龄排序，年龄最大的就是队长，就按队长的计划执行。这个主意得到了另外两位伙伴的一致同意。于是，卡路编写了一段程序：输入他们 3 人的年龄，输出其中最大的年龄。

【例 7-1】 队长的计划。

输入：一行，包含 3 个整数，即 3 个人的年龄。

输出：一行，包含一个整数，即最大的年龄。

样例输入：

```
13 10 14
```

样例输出：

```
14
```

【数学分析】

分析：此问题可以先用两个人年龄比较大小，再用两个人中的较大年龄与第三个人比较，就可以得到最大的年龄。

解：设他们 3 人的年龄分别是 b_age、r_age 和 s_age，最大年龄是 max。

（1）比较前两个人的年龄，会有如下 3 种情况。

- b_age>r_age 时，max=b_age。
- b_age=r_age 时，max=b_age 或者 max=r_age 均可。
- b_age<r_age 时，max=r_age。

此时，max 存放了前两个人年龄中的最大数。

（2）用 max 与第三个人的年龄比较，会有如下 3 种情况。

- max>s_age 时，max=max（自身等于自身，可以省略）。
- max=s_age 时，max=max 或 max=s_age 均可。
- max<s_age 时，max=s_age。

这一轮比较中，只需考虑 max<s_age 的情况即可。

答：最大的年龄数是 max。

【算法描述】

（1）定义 3 个表示年龄的整型变量和最大值变量 b_age、r_age、s_age 和 max。

（2）输入 b_age、r_age 和 s_age。

（3）一次判断，如果 b_age>r_age, 那么 max=b_age ；否则，max=r_age。二次判断，如果 max<s_age, 那么 max=s_age ；否则，省略。

（4）输出 max。

（1）用于大小判断的结构控制语句是什么？

（2）选择结构控制语句有哪些？

（3）该如何使用选择结构控制语句？

具体的程序实现如代码清单 7-1 所示。

代码清单 7-1

```
#include<iostream>
using namespace std;
int main(){
    int b_age,r_age,s_age;
    int max;
    cin>>b_age>>r_age>>s_age;
    if(b_age>=r_age)
        max=b_age;
    else
        max=r_age;
    if(max<=s_age)
        max=s_age;
    cout<<max<<endl;
    return 0;
}
```

7.1 选择结构

选择结构，又称分支结构，通常是根据判断条件的“真”或者“假”选择程序中一部分语句（一个分支）执行。这种程序在编程时要考虑所有条件为“真”和“假”的可能情况，分别编写条件为真时的语句分支和条件为假时的语句分支。执行时，只能根据当时实际条件为“真”还是为“假”的情况，选择一个分支执行。通常选择结构用来解决实际应用中按不同情况进行不同处理的问题。典型的选择结构如图 7-1 所示。

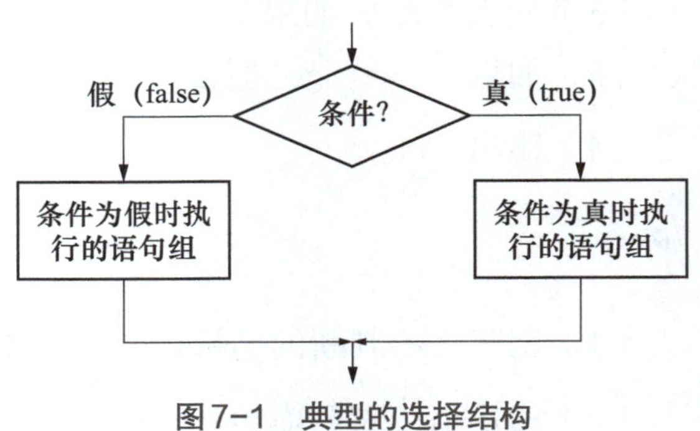

图 7-1　典型的选择结构

选择结构控制语句常用的有两种：if-else 语句和 switch-case 语句，下面逐一加以说明。

7.2　if-else 语句

7.2.1　基本 if-else 语句

在例 7-1 中的第 7 ～ 10 行使用了 if-else 选择结构。if 表示如果，else 表示否则，if-else 语句在程序中无论有多少行都看作一条语句使用，表示“如果……那么……否则……”含义。if-else 选择结构如图 7-2 所示。if-else 选择结构的说明如图 7-3 所示。

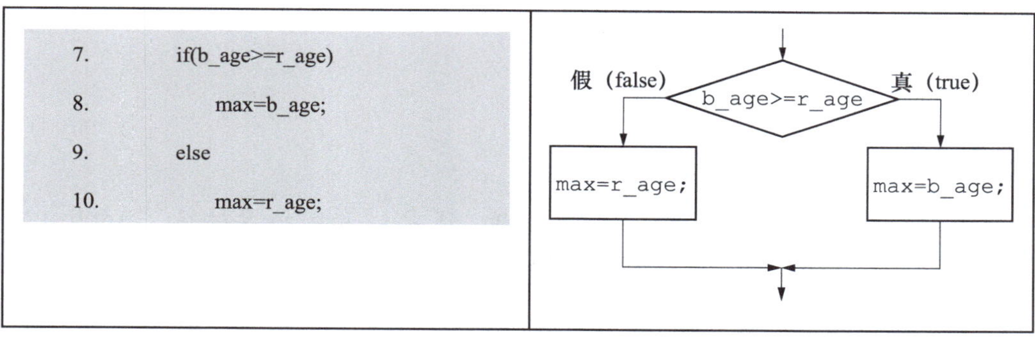

图 7-2　if-else 选择结构

if（条件）
{ 语句块1;}
else
{语句块2; }

if后面的条件必须用小括号“()”起来；条件可以是任何运算，但通常为逻辑运算或关系运算，用“1”表示真，“0”表示假；注意小括号后没有分号。

条件为真时执行语句块1（分支1），当语句块1执行结束后跳过语句块2（分支2）直接转到if-else后面的语句继续执行。
语句块1可以是一条语句（语句以分号结束），也可以是多条语句（每条语句以分号结束）；当语句块为多条语句时要在语句块外加大括号“{}”构成复合语句，复合语句当作一条语句使用。

条件为假时跳过语句块1（分支1），直接执行else后的语句块2，当语句块2执行结束后再执行if-else后面的语句。语句块2规则同语句块1。

图 7-3　if-else 选择结构的说明

【例 7-2】 比较代码清单 7-2 和代码清单 7-3 的功能。

代码清单 7-2

```
1. int a=6,b=5,t=3;
2. if(a<b){
3.       t=a;
4.       a=b;
5.       b=t;
6. }
```

代码清单 7-3

```
1. int a=6,b=5,t=3;
2. if(a<b)
3.       t=a;
4.       a=b;
5.       b=t;
```

解析：比较后发现，这两段代码中的各变量值不同。

代码清单 7-2 中，第 3 ～ 5 行外加了“{}”构成了复合语句，当作一条语句，所以当 a<b 真时执行复合语句，为假时不执行，结果 a=6，b=5，t=3。

代码清单 7-3 中，因为没加“{}”，所以只有第 2 行和第 3 行构成一个选择结构，而第 4 行和第 5 行属于选择结构后面的语句，故正常执行，结果 a=5，b=3，t=3。

这就是复合语句的威力了！

小知识

书写 if-else 语句时，结构可以很灵活，通常 if 和 else 要对齐，语句块 1 可以直接写在条件括号后，语句块 2 也可以直接写在 else 后面，这时 else 后面必须加一个空格。如果换行书写语句块 1 和语句块 2，最好要缩进两格，如例 7-3 所示。

【例 7-3】 分析代码清单 7-4 和代码清单 7-5 所示的两段代码。

代码清单 7-4

```
1. if(b_age>=r_age)
2.       max=b_age;
3. else
4.       max=r_age;
```

代码清单 7-5

```
1. if(b_age>=r_age)  max=b_age;
2. else  max=r_age;
```

这两段代码的功能等价，仅书写格式不同。

7.2.2 省略else的if语句

来看例 7-1 中的第 11 行和第 12 行语句的含义。

```
11. if(max<=s_age>)
12.       max=s_age;
```

若条件 max<=s_age 为真，则说明 s_age 的值大或二者一样大，所以把 s_age 赋值给 max；若条件 max<=s_age 为假，则说明 max 的值大，此时应该把

max 赋值给 max，但二者是一个变量，没有必要，所以省略了 else 部分。

C++ 是允许省略 else 部分的，这时构成 if 语句的单分支结构，表示当条件为真时执行分支 1，条件为假时什么都不做，然后继续后面的程序执行。单分支结构也是常用的一种选择结构。if 语句单分支结构的说明如图 7-4 所示。

```
if (条件) {
  语句块1;
}
```

图 7-4　if 语句单分支结构的说明

7.2.3　if-else 语句嵌套

if-else 语句结构中的语句块 1 和语句块 2 还可以是另一个 if-else 结构，这叫作 if-else 语句嵌套。当 if-else 语句嵌套时，C++ 规定 else 语句总是和“离它最近且尚未配对”的 if 语句配对使用。

【例 7-4】 分析代码清单 7-6 ~ 代码清单 7-8。

代码清单 7-6

```
1. a=5,b=4,c=6;
2. if(a>b)
3.     if(b>c) y=a;
4.         else y=c;
5. else y=b;
```

代码清单 7-7

```
1. a=4,b=5,c=6;
2. if(a>b)
3.     y=b;
4. else if (b>c) y=a;
5.         else y=c;
```

代码清单 7-8

```
1. a=4,b=5,c=6;
2. if(a>b){
3.     if(b>c) y=a;
4. }
5. else y=c;
```

解析： 代码清单 7-6 中，在语句块 1 的位置嵌套另一个 if-else 结构。其执行过程是：(a > b) 为真，则执行第 3 行，(b > c) 为假，则执行第 4 行 y=c，结束，最后 y=6。

代码清单 7-7 中，在语句块 2 的位置嵌套了另一个 if-else 结构。其执行过程是：(a > b) 为假，那么执行第 4 行，(b > c) 为假，则执行第 5 行 y=c，结束，最后 y=6。

代码清单 7-8 中，由于有大括号构成复合语句，因此在语句块 1 的位置嵌套了一个单分支 if 语句，第 5 行的 else 与第 2 行的 if 配对。其执行过程是：(a > b) 为假，那么直接执行第 5 行 y=c，结束，最后 y=6。

其中，代码清单 7-7 构成了 if 嵌套的经典格式，如图 7-5 所示。

```
if (条件 1)
{ 语句块 1; }
else if (条件 2)
{ 语句块 2; }
…
else if (条件 n)
{ 语句块 n; }
else
{ 语句块 n+1; }
```

图 7-5　if 嵌套的经典格式

该格式的含义如下。

- 如果条件 1 为真，则执行语句块 1；否则，如果条件 2 为真，则执行语句块 2，以此类推。
- 如果条件 n 为真，则执行语句块 n；否则，如果全部条件为假，执行语句块 n+1。

【例 7-5】 分制转换问题。

给定一个百分制的成绩 s，转为五分制成绩输出。

百分制转成五分制的规则如下：

100 分～90 分（含 100 分和 90 分）对应 A；

89 分～80 分（含 89 分和 80 分）对应 B；

79 分～70 分（含 79 分和 70 分）对应 C；

69 分～60 分（含 69 分和 60 分）对应 D；

< 60 分 对应 E；

输入：一行，一个单精度实数 s（$0 \leqslant s \leqslant 100$），即百分制的成绩。

输出：一行，一个字符，即对应的五分制成绩。

样例输入：

```
88.5
```

样例输出：

```
B
```

分制转换问题的程序实现如代码清单 7-9 所示。

代码清单 7-9

```
#include<iostream>
using namespace std;
int main(){
    float s;
    cin>>s;
    if(s<=100&&s>=90) cout<<'A';
      else if(s<=89&&s>=80) cout<<'B';
       else if(s<=79&&s>=70) cout<<'C';
        else if(s<=69&&s>=60)  cout<<'D';
         else cout<<'E';
  return 0;
```

```
12. }
```

C++ 中也可以进行多重嵌套，也就是在 if 中嵌套 if、if 再嵌套 if……通常，多重嵌套的深度没有限制。

7.3　switch-case 语句

switch 语句可以实现多分支选择结构，可以由 if-else 的多重嵌套代替，所以这里只简单介绍其格式。switch 语句的格式如图 7-6 所示。

```
switch (表达式)
{
    case　常量表达式1：语句序列1；　break；
    case　常量表达式2：语句序列2；break；
    …
    case　常量表达式n：语句序列n；break；
    default：语句序列n+1；
}
```

图 7-6　switch 语句的格式

（1）switch-case 语句的执行过程如下。

- 计算出 switch 后面小括号内表达式的值，假定为 R，若它不是整型，系统将自动舍去其小数部分，只取其整数部分作为结果值。
- 依次计算出每个 case 后常量表达式的值，假定它们为 R1、R2……同样，若它们的值不是整型，则自动转换为整型。
- 让 R 依次同 R1、R2……进行比较，一旦遇到 R 与某个值相等，则从对应标号的语句开始执行，并在遇到第一个 break 语句结束。如果没有遇到 break，则执行到 switch 语句结束；在遇不到相等的情况下，若存在 default 子句，就执行其冒号后面的语句序列，否则不执行任何操作；当执行到复合语句最后的右大括号时，就结束整个 switch 语句的执行。

（2）break 是一个保留字，在 switch 中执行到它时，该 switch 语句将结束，系统接着向下执行其他语句。

（3）case 语句后的各常量表达式的值不能相同，否则会出现错误码。

（4）每个 case 或 default 后，可以包含多条语句，不需要使用“{”和“}”括起来。

（5）各 case 和 default 子句的先后顺序可以变动，这不会影响程序执行结果。

（6）default 子句可以省略，default 后面的语句末尾可以不必写 break。

（7）switch-case 语句都可以用 if-else 嵌套代替，反之不行。

提示

写 switch 语句时，switch（表达式）单独占一行，各 case 分支和 default 分支要缩进并对齐，分支处理语句要相对再缩进两格，以体现不同层次的结构。

本课主要介绍了如下内容。

（1）选择结构的概念。

（2）if-else 语句及其应用。

（3）switch-case 语句简介。

本课用到的关键字包括 if、else、switch、case、break 和 default。

练习7-1　阅读代码清单7-10，写结果。

代码清单 7-10

```
#include<iostream>
using namespace std;
int main(){
    int n;
    cin>>n;
    if(n>0) cout<<"positive"<<endl;
      else if (n==0) cout<<"zero"<<endl;
         else cout<<"negative"<<endl;
    return 0;
}
```

设输入为：

```
-5
```

则输出结果为________________。

提示

本段代码用于解决正负判断问题，即给定一个整数 n，判断其正负。如果 $n>0$，输出 positive；如果 $n=0$，输出 zero；如果 $n<0$，输出 negative。

练习7-2 数位问题。

给定一个正整数 n，判断该数是否是三位数（即 100 ~ 999 的数），若该正整数是三位数，输出 YES，否则输出 NO。

输入：一行，包含一个正整数 n（$0<n<10000$）。

输出：一行，一个字符串，如果 n 是三位数，输出 YES；否则输出 NO。

样例输入：

```
168
```

样例输出：

```
YES
```

提示

三位数的表示：(100<=n)&&(n<=999) 为真。

练习7-3 整除问题。

给定一个正整数 n，判断该数是否能同时被 3、5、7 整除。如果该数能同时被 3、5、7 整除，则输出 YES；否则，输出 NO。

输入：一行，包含一个正整数 n（$0<n<10000$）。

输出：一行，一个字符串，如果 n 能同时被 3、5、7 整除，输出 YES；否则，输出 NO。

样例输入：

```
105
```

样例输出：

```
YES
```

提示

能同时被 3、5、7 整除的表示：(n%3= =0)&&(n%5= =0)&&(n%7= =0) 为真。

练习 7-4　闰年问题。

通常平年的 2 月只有 28 天，而闰年的 2 月是有 29 天的。请输入具体的某一年，判断其是否是闰年。

输入：一行，包含一个正整数 y（$0 < y < 10000$），即具体的某一年。

输出：一行，包含一个字符串，如果是闰年输出 YES，不是闰年输出 NO。

样例输入：

```
2016
```

样例输出：

```
YES
```

提示

闰年的科学判定方法是：如果能被 4 整除并且不能被 100 整除或者能被 400 整除，则这一年就是闰年。也可以记为“四年一闰，百年不闰，四百年又闰”。

那么闰年判定公式“能被 4 整除并且不能被 100 整除或者能被 400 整除”，在 C++ 中怎么表示呢？如表 7-1 所示。

表 7-1　闰年的表述

汉语描述	数学描述	C++ 描述
x 能被 4 整除	$x/4$ 的余数为 0	x%4==0 结果为真
x 不能被 100 整除	$x/100$ 的余数不为 0	x%100!=0 结果为真
x 能被 400 整除	$x/400$ 的余数为 0	x%400==0 结果为真

（1）汉语描述：能被 4 整除并且不能被 100 整除或者能被 400 整除。

（2）数学描述：(x 除以 4 的余数为 0) 与 (x 除以 100 的余数不为 0) 或 (x 除以 400 的余数为 0)。

（3）C++ 描述：`(x%4==0)&&( x%100!=0)||(x%400==0)`。

练习 7-5　三角形问题。

由同一平面内不在同一直线上的 3 条线段首尾相接围成的封闭图形叫作三角形，三角形任意两边的和大于第三边。给定 3 条线段的长度（正整数），判断它们是否能够围成一个三角形。如果能围成三角形，则输出 YES；否则，输出 NO。

输入：一行，包含 3 个正整数 a、b 和 c（$0 < a, b, c < 10000$），即 3 条线段的长度，3 个数用空格分隔。

输出：一行，包含一个字符串，如果能围成三角形，输出 YES；否则，输出 NO。

样例输入：

```
3 4 5
```

样例输出：

```
YES
```

提示

三角形的表示：(a+b>c)&&(a+c>b)&&(b+c>a) 为真。

练习 7-6　大小写转换问题。

给定一个字符 ch，如果它是一个大写字母，则把它变成小写字母；如果它是一个小写字母，则把它变成大写字母；其他字符不变。

输入：一行，包含一个字符 ch（char 类型），即带转换字符。

输出：一行，包含一个字符，即转换后的字符。

样例输入：

```
B
```

样例输出：

```
b
```

提示

大写字母表示：(ch>='A')&&(ch<='Z') 为真。
小写字母表示：(ch>='a')&&(ch<='z') 为真。
大写转小写运算：ch=ch+32。
小写转大写运算：ch=ch-32。

第 8 课　卡路的历练 1：选择程序举例

学习了选择结构，卡路准备认真做几道题，巩固学过的知识。

【例 8-1】 奇偶判断。

给定一个整数 n，判断该数是奇数还是偶数。如果是奇数，输出 odd；如果是偶数，输出 even。

输入：一行，包含一个整数 n（$-10000 < n < 10000$）。

输出：一行，包含一个字符串，如果 n 是奇数，输出 odd；如果 n 是偶数，输出 even。

样例输入：

```
5
```

样例输出：

```
odd
```

【数学分析】

所有整数不是奇数（单数），就是偶数（双数）。若某数是 2 的倍数，它就是偶数（双数），可表示为 $2n$，即偶数（双数）除以 2 的余数是零；否则，它就是奇数（单数），可表示为 $2n+1$（n 为整数），即奇数（单数）除以 2 的余数是 1。

偶数可以用 n%2==0 为真表示。

【算法描述】

（1）定义一个整型变量 n。

（2）输入一个 n 值。

（3）如果 n 除以 2 的余数是零，那么 n 是偶数输出 even；否则，n 是奇数输出 odd。

（4）输出包含在（3）中。

奇偶判断的程序实现如代码清单 8-1 所示。

代码清单 8-1

```
#include<iostream>
using namespace std;
int main(){
    int n;
    cin>>n;
    if(n%2==0)
        cout<<"even"<<endl;
    else
        cout<<"odd"<<endl;
    return 0;
}
```

【例 8-2】 单位阶跃函数问题。

$$f(t)=\begin{cases}1, & t>0\\ 0.5, & t=0\\ 0, & t<0\end{cases}$$

在人工智能算法中经常会用到单位阶跃函数，它有多种定义，其中一种定义为当自变量 t 取值大于 0 时，函数值 $f(t)=1$；当 t 取值小于 0 时，函数值 $f(t)=0$；当 t 取值等于 0 时，函数值 $f(t)=0.5$。现在要求给定一个自变量 t 值，计算并输出函数值 $f(t)$。

输入：一行，包含一个双精度实数 t（$-1000 < t < 1000$）。

输出：一行，包含一个实数，t 大于 0 时输出 1；t 等于 0 时输出 0.5；t 小于 0 时输出 0。

样例输入：

```
0
```

样例输出：

```
0.5
```

【**数学分析**】略。

【**算法描述**】

（1）定义一个双精度变量 t。

（2）输入一个 t 值。

（3）如果 t > 0 为真，输出 1；如果 t==0 为真，输出 0.5。否则，输出 0。

（4）输出包含在（3）中。

注 意

这是一个if-else嵌套问题，t的取值只能有3种：大于0、等于0和小于0。当t>0和t=0都为假时，t一定小于0，所以省略最后一个if条件。

具体的程序实现如代码清单 8-2 所示。

代码清单 8-2

```
#include<iostream>
using namespace std;
int main(){
    double t;
    cin>>t;
    if(t>0)
        cout<<1;
    else if(t==0)
        cout<<0.5;
    else
        cout<<0;
    return 0;
}
```

【**例 8-3**】 笔记本问题。

期末来临了，班长卡路用剩余班费 x 元购买若干个笔记本，以奖励给一些学习好、表现好的同学。已知商店里有 3 种笔记本，它们的单价分别为 6 元、5 元和 4 元。卡路想买尽量多的笔记本（奖励尽量多的同学），同时他又不想有剩余钱，于是他编了一段程序，制订出一种买笔记本的最佳方案。

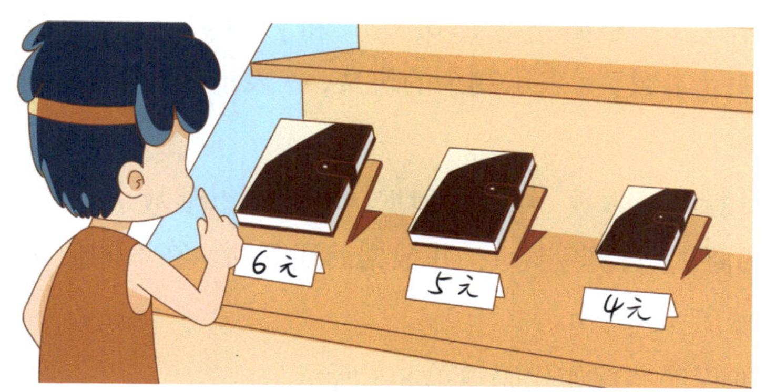

输入：一行，包含一个整数 x（$0 < x < 1000$），即剩余的班费。

输出：一行，包含 3 个整数，即 6 元本、5 元本和 4 元本的数量，3 个整数用空格分开。

样例输入：

```
29
```

样例输出：

```
0 1 6
```

【数学分析】

对于以上的实际问题，要买尽量多的笔记本，易知都买 4 元的笔记本肯定可以买最多笔记本。因此最多可买的笔记本为（x 除以 4 的商）本。因为卡路要把钱用完，故我们可以按以下方法将钱用完：

（1）如果买完（x 除以 4 的商）本 4 元本，还剩 0 元，则 5 元本和 6 元本就不买了；

（2）如果买完（x 除以 4 的商）本 4 元本，还剩 1 元，则 4 元本少买 1 个，换成一个 5 元本即可；

（3）如果买完（x 除以 4 的商）本 4 元本，还剩 2 元，则 4 元本少买 1 个，换成一个 6 元本即可；

（4）如果买完（x 除以 4 的商）本 4 元本，还剩 3 元，则 4 元本少买 2 个，换成一个 5 元本和一个 6 元本即可。

从以上对买笔记本方案的调整，可以看出笔记本的数目都是（*x* 除以 4 的商），因此该方案为最优方案。

【算法描述】

（1）定义 5 个整型变量 a、b、c、x 和 y，其中 a、b、c 分别表示 6 元本数、5 元本数和 4 元本数，x 表示剩余的班费，y 表示整除 4 后的余数。

（2）输入 x。

（3）计算 4 元本数 c=x/4（根据“整数除以整数结果还是整数”可知 c 表示 x 除以 4 的商），计算 y=x%4，并根据前述判断 y 在不同值时 a、b、c 的变化。

（4）输出 a、b、c。

具体的程序实现如代码清单 8-3 所示。

代码清单 8-3

```
#include<iostream>
using namespace std;
int main(){
    int a,b,c,x,y;
    cin>>x;
    c=x/4;
    y=x%4;
    if(y==0) {a=0;b=0; }
    else if(y==1){a=0;b=1;c--;}
    else if(y==2){a=1;b=0;c--;}
    else if(y==3){a=1;b=1;c-=2;}
    cout<<a<<" "<<b<<" "<<c<<endl;
    return 0;
}
```

【例 8-4】 共享单车问题。

近几年，共享单车逐渐融入了我们的生活，小蓝车、小红车、小黄车……种类繁多，方便了人们的出行。但实际上并非骑车总会快于走路，因为骑车总要找车、开锁、停车、锁车等，要耽误一些时间。

卡路发现了这个问题，并测算了时间，从找到自行车到开锁并骑上单车的平均时间为 27s、停车锁车的平均时间为 23s、步行每秒行走 1.2m、骑车每秒行走 3m。卡路决定编一段程序完成骑车快还是走路快的判断：给定一次要行走的距离，判断是骑车快还是走路快。如果骑车快，输出 Bike；如果走路快，输出 Walk；如果一样快，输出 Equ。

输入：一行，包含一个整数（0 <整数< 10000），即一次要行走的距离。

输出：一行，包含一个字符串，如果骑车快，输出 Bike；如果走路快，输出 Walk；如果一样快，输出 Equ。

样例输入：

```
120
```

样例输出：

```
Bike
```

【数学分析】

首先设距离为 distance，步行时间为 walktime，骑车时间为 biketime；然后根据速度公式时间=$\frac{距离}{速度}$，计算 $walktime = \frac{distance}{1.2}$s，$biketime = \frac{distance}{3.0} + 27 + 23$；最后判断出，如果 walktime < biketime 为真，说明步行快；如果 walktime > biketime 为真，说明骑车快；如果 walktime = biketime 为真，说明一样快。

【算法描述】

（1）定义距离整型变量 distance、步行时间以及骑车时间两个浮点变量 walktime 和 biketime。

（2）输入 distance。

（3）计算 walktime 和 biketime。如果 walktime<biketime 为真，那么输出 Walk；如果 walktime>biketime 为真，那么输出 Bike；如果 walktime=biketime 为真，那么输出 Equ，说明一样快。

（4）输出包含在（3）中。

具体的程序实现如代码清单 8-4 所示。

代码清单 8-4

```
#include<iostream>
using namespace std;
int main(){
    int distance;
    double walktime,biketime;
    cin>>distance;
    walktime=distance/1.2;
    biketime=distance/3.0+27+23;
    if(walktime<biketime) cout<<"Walk"<<endl;
    else if(walktime==biketime)cout<<"Equ"<<endl;
    else cout<<"Bike"<<endl;
    return 0;
}
```

【例 8-5】 圆的运算问题。给定圆的半径 r 和运算类型 f，按照运算类型进行指定的运算。运算类型如表 8-1 所示。

表 8-1 运算类型

运算类型 f	运 算
s	面积
l	周长
a	面积和周长

输入：一行，包含两个数据，第 1 个数据为一个双精度实数 r（$0<r<1000$），即圆的半径；第 2 个数据为一个字符，即运算类型。两个数据用空格分隔。

输出：一行，包含一或两个双精度实数。如果运算类型为 s，则输出面积；如果运算类型为 l，则输出周长；如果运算类型为 a，则输出面积和周长。二者用逗号分隔。

样例输入：

```
5 a
```

样例输出：

```
78.5,31.4
```

【数学分析】

圆的面积公式为 πr^2，圆的周长公式为 $2\pi r$。

【算法描述】

（1）定义 PI=3.14，半径为 r（double），面积为 s（double），周长为 l（double）、运算类型为 f（char）；

（2）输入 r 和 f；

（3）如果 f 为 s 运算类型，则计算并输出面积 s；如果 f 为 l 运算类型，则计算并输出周长 l；如果 f 为 a 运算类型，则计算并输出面积 s 和周长 l；

（4）输出包含在（3）中。

具体程序实现如代码清单 8-5 所示。

代码清单 8-5

```
#include<iostream>
using namespace std;
int main(){
     const double PI=3.14;
     double r,s,l;
     char f;
     cin>>r>>f;
     if(f=='s'){
     s=PI*r*r;
     cout<<s;
     }
     if(f=='l') {
     l=2*PI*r;
     cout<<l;
   }
   if(f=='a'){
    s=PI*r*r;
    l=2*PI*r;
    cout<<s<<","<<l;
   }
    return 0;
}
```

本课主要介绍了如下内容。

（1）奇偶判断问题。

（2）单位阶跃函数问题。

（3）笔记本问题。

（4）共享单车问题。

（5）圆的运算问题。

练习 8-1　整除判定问题。

给定一个非0整数n，判断它是否既是3的整数倍又是7的整数倍。如果是，则输出这个数，否则输出 0。

输入：一行，包含一个非 0 整数 n（$-10000 < n < 10000$ 且 $n \neq 0$）。

输出：一行，如果 n 能同时被 3 和 7 整除，则输出 n，否则输出 0。

样例输入：

```
21
```

样例输出：

```
21
```

练习 8-2　比较大小问题 1。

给定两个整数 a 和 b，要求输出它们当中较大者。

输入：一行，包含两个整数 a 和 b（$-10000 < a, b < 10000$），两个整数用空格分隔。

输出：一行，一个整数，即 a 和 b 中的较大者。

样例输入：

```
27 58
```

样例输出：

```
58
```

练习 8-3　比较大小问题 2。

给定 3 个整数 a、b 和 c，要求按从大到小的顺序（降序）输出它们。

输入：一行，包含 3 个整数 a、b 和 c（$-10000 < a, b, c < 10000$），3 个整数用空格分隔。

输出：一行，包含3个整数，即降序排列的a、b和c，这3个整数用空格分隔。

样例输入：

```
2 3 4
```

样例输出：

```
4 3 2
```

练习 8-4　计算一元二次方程问题。

给定 3 个整数 a、b 和 c，计算一元二次方程 $ax^2+bx+c=0$ 的根。

输入：一行，包含 3 个整数 a、b 和 c（$-10000 < a, b, c < 10000$），3 个整数用空格分隔。

输出：一行，如果方程无实数解，输出字符串“方程无实数解”。如果方程有一个实解，输出字符串“有一个实数解：”和一个实数（即方程的一个解）；如果方程有两个实数解，输出字符串“有两个实数解：”和两个实数（即方程的两个解），两个实数用逗号分隔。

样例输入 1：

```
2 3 4
```

样例输出 1：

```
方程无实数解
```

样例输入 2：

```
2 4 2
```

样例输出 2：

```
有一个实数解:-1
```

样例输入 3：

```
2 5 3
```

样例输出 3：

```
有两个实数解: -1,-1.5
```

提示

公式法求解一元二次方程。

先计算 $\Delta=b^2-4ac$；然后判断：

若 $\Delta<0$，原方程无实根；

若 $\Delta=0$，原方程有两个相同的解为：$x=\dfrac{-b}{2a}$；

若 $\Delta>0$，原方程有两个不同的解：$x_1=\dfrac{-b+\sqrt{\Delta}}{2a}, x_2=\dfrac{-b-\sqrt{\Delta}}{2a}$。

在 C++ 中，$\sqrt{\Delta}$ 用 sqrt(Δ) 表示，需要包含数学函数库 cmath。

练习 8-5　简单计算器。

请设计一个最简单的计算器，仅支持实数的加（+）、减（-）、乘（*）、除（/）这 4 种运算。

该计算器规定：数据和运算结果不会超过 double 表示的数据范围；如果出现除数为 0 的情况，则输出“除数不能为 0！”；如果出现无效的运算符（即不为 +、-、* 和 / 之一），则输出“错误的运算符！”。

输入：一行，包含 3 个，其中第 1 个、第 2 个为双精度实数，第 3 个为字符——表示运算符（+, - , * , /），用空格分隔。

输出：一行，一个实数，即运算结果。

样例输入：

```
4 5 +
```

样例输出：

```
9
```

提示

首先设两个双精度实型操作数 data1 和 data2，字符型运算符 op。

输入 data1、data2 和 op。

如果 op 为 +，那么输出 data1+data2；如果 op 为 -，那么输出 data1-data2；如果 op 为 *，那么输出 data1*data2；如果 op 为 / 并且 data2≠0，那么输出 data1/data2；如果 op 为 / 并且 data2 = 0，那么输出“除数不能为 0！”。

对于其他情况，输出“错误的运算符！”。

练习 8-6　快递计费问题。

某快递公司对快递包裹有如下规定：若包裹的长、宽、高任一尺寸超过 1000mm 或重量超过 30kg，不予快递；对可以快递的包裹，每件收取手续费 20 元，再加上表 8-2 据重量计算的费用。

表 8-2　据重量计算的费用

重量 /kg	收费标准 / 元
$w \leqslant 10$	25
$10 < w \leqslant 20$	30
$20 < w \leqslant 30$	35

现给定货物的长、宽、高和重量，判断该货物是否可以快递，如果可以，快递费总计多少元。

输入：一行，包含 4 个单精度正实数 a、b、c 和 w（$0 < a, b, c < 10000$），单位: mm；$0 < w < 100$，单位: kg），即货物的长、宽、高和重量，这 4 个数据用空格分隔。

输出：一行，如果货物超出标准，输出“不予快递！”；否则，输出货物的快递费。

样例输入 1：

```
1200 500 200 50
```

样例输出 1：

```
不予快递!
```

样例输入 2：

```
500 300 200 18.5
```

样例输出 2：

```
30
```

第 9 课　路西的美梦：for 循环

最近，路西妹妹迷上了《白雪公主》的故事，满脑子想的都是白雪公主和 7 个小矮人。这天晚上，路西做了一个美梦，她梦见自己变成了美丽善良的白雪公主，跟 7 个小矮人快乐地玩耍。在梦里 7 个小矮人是开采宝石的矿工，他们送给路西一堆自己开采的宝石。每个小矮人都送出了自己的宝石，而且他们每个人送的数量是遵循了一定规律的。

第二天早上，路西妹妹把这个美梦分享给了卡路和科迪，并让哥哥帮她算算到底有多少颗宝石？科迪决定编写一段程序，帮助路西计算。

【例 9-1】 路西妹妹的美梦。

输入：无。

输出：一个整数，即满足条件的最少宝石颗数。

样例输入：无

样例输出：

```
28
```

【数学分析】

7 个小矮人各自送的宝石数量都不同，求路西最少能得到的宝石数，则从第一个小矮人送 1 颗宝石开始，每人送出的宝石数加 1，本质上就是一个累加的过程。

$$\sum_{i=1}^{7} i = 1+2+3+\cdots+7$$

在这个过程中重复进行加操作，而两个加数每次改变，一个加数是上一次的计算结果，另一个加数是按 1, 2, 3…的规律变化。

结果= 加数 1（上次结果）+ 加数 2（1, 2, 3…规律变化）

解：设小矮人编号是 i，每人送出宝石数是 count，宝石总数是 sum，则用列表法解答如表 9-1 所示。

表 9-1　列表法解答

编号 i	每人送出宝石数	宝石总数	每次结果
1	1	宝石数 sum =sum+count=0+1	宝石数为 1
2	2	宝石数 sum =sum+count=1+2	宝石数为 3
3	3	宝石数 sum =sum+count=3+3	宝石数为 6
4	4	宝石数 sum =sum+count=6+4	宝石数为 10
5	5	宝石数 sum =sum+count=10+5	宝石数为 15
6	6	宝石数 sum =sum+count=15+6	宝石数为 21
7	7	宝石数 sum =sum+count=21+7	宝石数为 28

sum = 0（初始为 0）

答：路西至少能得到 28 颗宝石。

提示

编号 i 可以看作重复的次数。宝石总数量 sum 在每次计算都会改变——用新值代替旧值。

【算法描述】

（1）定义 3 个整型变量，`i` 表示循环次数，`count` 表示一个加数，`sum` 表示每次加结果。

（2）赋值 `sum=0`。

（3）`for` 循环，循环次数 7 次，`i` 为 1 ～ 7，循环体中 `sum=sum+count`。

（4）输出循环后的 sum，即累加的和。

（1）如何实现重复执行呢？

（2）循环过程中各变量是怎么变化的呢？

（3）循环结构控制语句该怎样用？

具体的实现程序如代码清单 9-1 所示。

代码清单 9-1

```
#include<iostream>
using name space std;
int main(){
    int sum,count,i;
    count=1,sum=0;
    for(i=1;i<=7;i++){
        sum=sum+count;
        count=count+1;
    }
    cout<<sum<<endl;
    return 0;
}
```

9.1 循环结构

通常程序具有 3 种控制结构：顺序结构、选择结构和循环结构。

循环结构用于在程序中控制某些运算重复执行，是计算机中使用较多的一种控制结构，可以解决实际应用中需要重复处理的问题。如果需统计全班同学的总分，就需要重复地把每个人的分数加起来，这就需要用到循环结构。

在程序设计中，会有许多重复执行的操作，我们都可以用循环结构来实现。在循环中每次的运算是相同的（如例 9-1 中的加法），而参与运算的变量会有规律地变化（如例 9-1 中的 sum 和 count）。

C++ 中常用的循环控制语句有 3 种：for 循环（又称“已知次数型循环”）、while 循环（又称“当型循环”）和 do-while 循环（又称“直到型循环”）。它们各自的执行流程如图 9-1 所示。今天我们只介绍第一种 for 循环，其余的将在后面的课程中介绍。

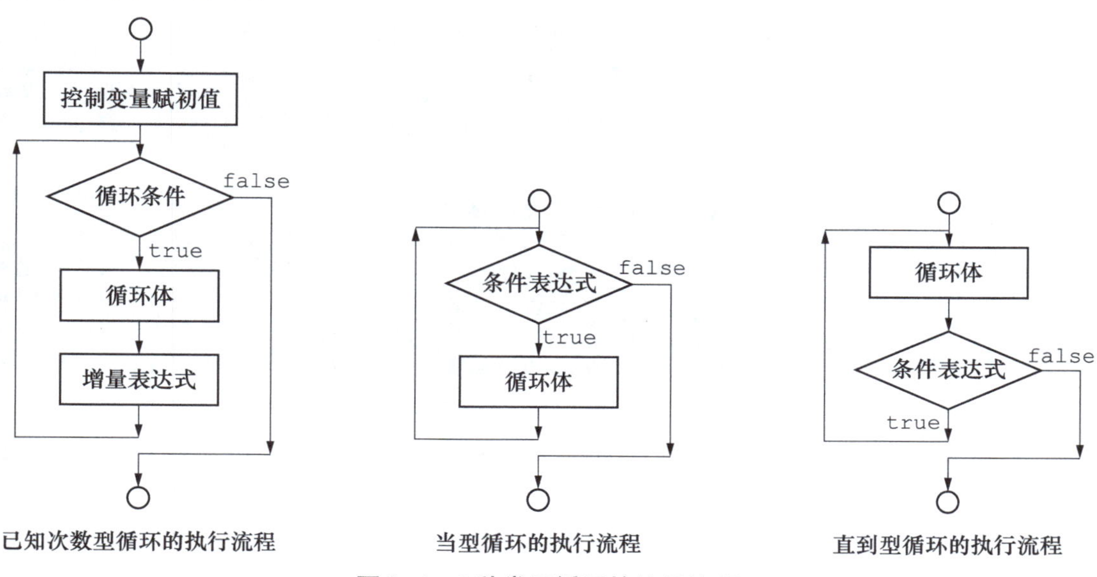

图 9-1　3 种常用循环的执行流程

9.2　for 循环

在例 9-1 中，我们根据问题知道要执行循环 7 次，这种叫作已知次数型循环，用 for 循环语句实现。

例 9-1 给出了 for 循环语句的格式，for 循环通常包括 5 个部分，即关键字 for、初值、终止条件、改变初值和循环体。for 循环语句的说明如图 9-2 所示。

例 9-1 中 for 循环语句的执行过程如图 9-3 所示，具体步骤如下。

（1）执行初值表达式——设置循环变量 i 的初值为 1，该语句只执行一次。

（2）执行终止条件表达式——如果 i 小于等于 7 为真，则执行循环体；如果为假，则退出循环，执行循环后面的语句。

（3）执行增量表达式——i 自加 1。

（4）自动转至（2）步，执行终止条件表示式——如果 i 小于等于 7 为真，则执行循环体；如果为假，则退出循环，执行循环后面的语句。

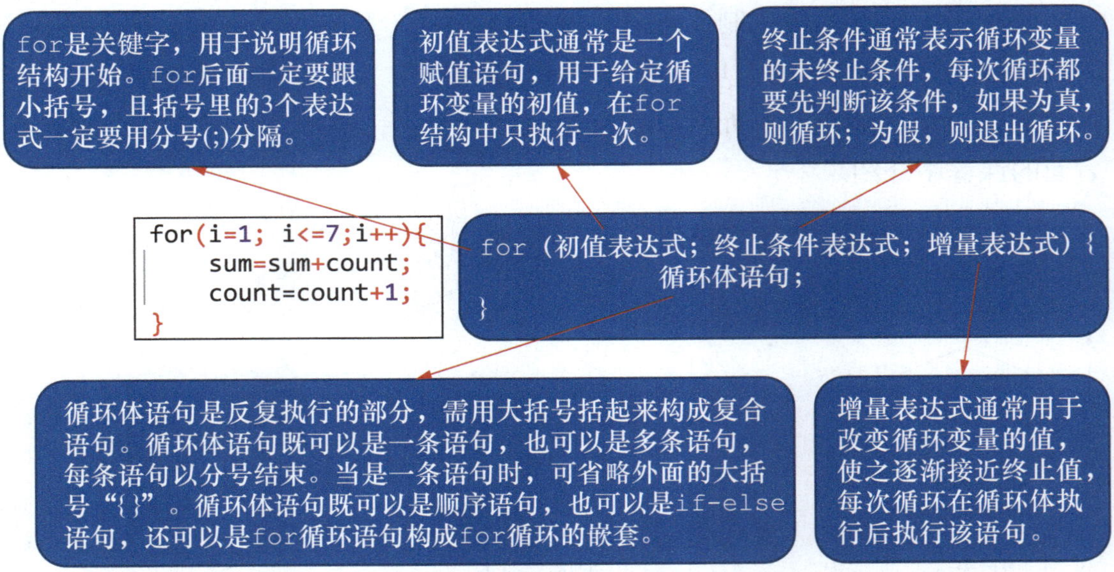

for是关键字，用于说明循环结构开始。for后面一定要跟小括号，且括号里的3个表达式一定要用分号(;)分隔。

初值表达式通常是一个赋值语句，用于给定循环变量的初值，在for结构中只执行一次。

终止条件通常表示循环变量的未终止条件，每次循环都要先判断该条件，如果为真，则循环；为假，则退出循环。

```
for(i=1; i<=7;i++){
    sum=sum+count;
    count=count+1;
}
```

```
for（初值表达式；终止条件表达式；增量表达式）{
    循环体语句；
}
```

循环体语句是反复执行的部分，需用大括号括起来构成复合语句。循环体语句既可以是一条语句，也可以是多条语句，每条语句以分号结束。当是一条语句时，可省略外面的大括号“{}”。循环体语句既可以是顺序语句，也可以是if-else语句，还可以是for循环语句构成for循环的嵌套。

增量表达式通常用于改变循环变量的值，使之逐渐接近终止值，每次循环在循环体执行后执行该语句。

图9-2　for循环语句的说明

以此类推，*i* 的值经历了 1、2、3、4、5、6、7、8 的变化。当执行终止条件表示式——如果 *i*（=8）小于等于 7 为假时，循环结束。

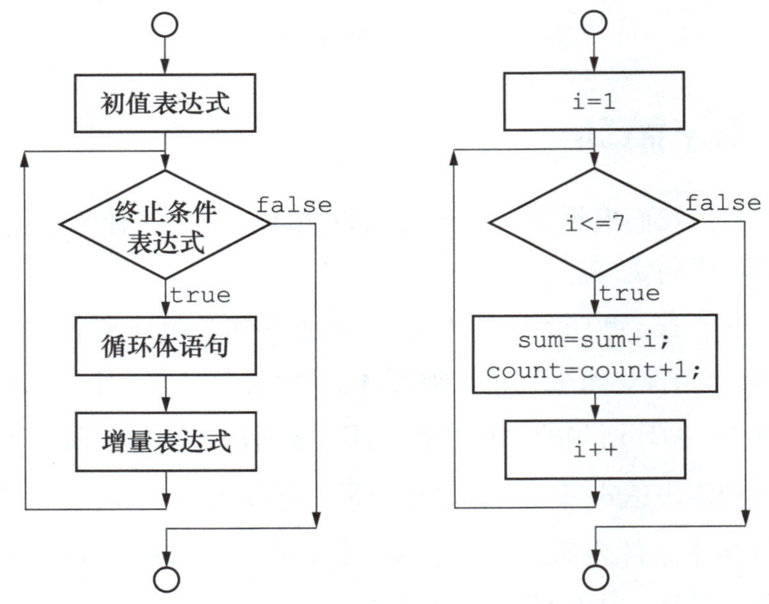

图9-3　for循环的执行过程

提示

写 for 循环语句时，循环体的语句相对于 for 缩进两格。

【例 9-2】 偶数问题。

输出 1 和 100 之间（包含 100）的所有偶数。

输入：无。

输出：1 和 100 之间的偶数，如下所示。

```
2       4       6       8       10
12      14      16      18      20
22      24      26      28      30
32      34      36      38      40
42      44      46      48      50
52      54      56      58      60
62      64      66      68      70
72      74      76      78      80
82      84      86      88      90
92      94      96      98      100
```

【数学分析】

思路 1：可以设定循环变量 *i* 初值为 2，循环终止条件是 *i* 小于等于 100 或者小于 101，改变循环初值是每次 *i* 自身加 2，循环体为每次输出 *i*，如代码清单 9-2 所示。

代码清单 9-2

```
#include<iostream>
using namespace std;
int main(){
    int i;
    for(i=2;i<=100;i+=2){
        cout<<i<<"\t";
    }
    return 0;
}
```

思路 2：也可以设定循环变量 *i* 初值为 1，循环终止条件为 *i* 小于等于 100 或者小于 101，改变循环初值为每次 *i* 自身加 1，循环体为每次先判断 *i* 是否能被 2 整除是否为真，若为真输出 *i*，如代码清单 9-3 所示。

代码清单 9-3

```
#include<iostream>
using namespace std;
int main(){
    int i;
```

```
    for(i=1;i<=100;i++){
        if(i%2==0 )
            cout<<i<<"\t";
    }
    return 0;
}
```

提示

'\t' 是转义字符，用于一次跳过 8 个空格，常用于格式对齐。

9.3 循环结构的4个要素

循环结构通常有 4 个要素：循环初值、循环终止条件、使循环趋于结束的语句以及循环体。这 4 个要素构成了循环结构的核心，缺一不可，如图 9-4 所示。

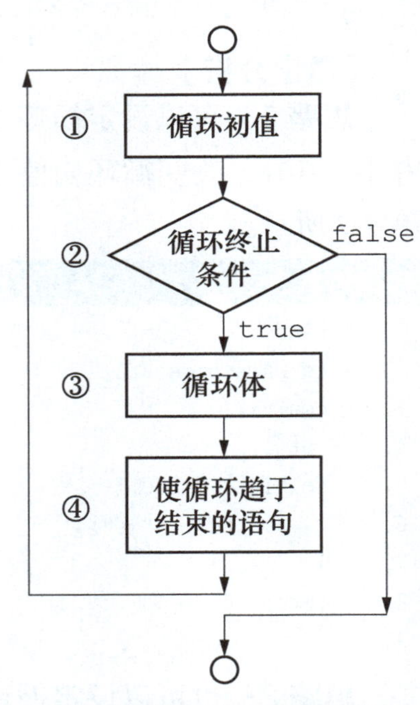

图9-4　循环结构的4个要素

循环初值和循环终止条件就像线段的两端，限定了循环的起始和结束；使循环趋于结束的语句通常是改变循环初值的语句（即增量语句），这 3 个部分决定了循环的次数。最后一部分循环体是重复执行的内容。

进行循环编程时，只要从这 4 个部分思考如何编写循环语句，就能写出规范的循环程序了。

在 for 循环语句中，通常将前 3 个部分放在 for 后面的括号中，循环初值通常是赋值语句，在 for 语句中只执行一次；循环终止条件通常是循环终值，用于每次判断循环是否结束；使循环趋于结束的语句（改变初值的语句）通常用于确定循环变量的增量，用于每次使循环趋于结束。这 3 个部分相互配合，用于控制循环执行次数。

$$循环执行次数=\frac{终值-初值+1}{增量}$$

一旦有一部分出现问题，就容易造成无限循环或者不循环。

【例 9-3】 循环控制举例。

（1）将控制变量从 1 变到 100，增量为 1。

```
for(i=1;i<=100;++i)
```

$$此循环执行次数=\frac{终值-初值+1}{增量}=100$$

（2）将控制变量从 100 变到 1，增量为 -1。

```
for(i=100;i>=1;--i)
```

此循环执行次数 =(1-100-1)/(-1)=100

（3）控制变量从 7 变到 77，增量为 7。

```
for(i=7;i<=77;i+=7)
```

此循环执行次数 =(77-7+7)/(7)=11

（4）控制变量从 20 变到 2，增量为 -2。

```
for(int i=20;i>=2;i-=2)
```

此循环执行次数 =(2-20-2)/(-2)=10

（5）按所示数列改变控制变量值：99、88、77、66、55、44、33、22、11、0，增量为 -11。

```
for(int j=99;j>=0;j-=11)
```

提示

可以在 for 循环“控制变量初始化语句”中定义变量（如上面最后两个例子），这些变量只在相应 for 循环中有效，离开相应 for 循环变量就无效了。

本课主要介绍了以下内容。

（1）循环结构的概念。

（2）for 循环语句的格式。

（3）for 循环语句的执行过程。

（4）循环结构的 4 个要素：初值、终值、增量和循环体。

（5）本课用到的关键字：for。

练习 9-1　阅读代码清单 9-4，写结果。

代码清单 9-4

```
#include<iostream>
using namespace std;
int main(){
    int i;
    for(i=3;i<6;i++){
        if(i%2)
            cout<<"@@"<<i;
        else
            cout<<"$$"<<i<<endl;
    }
    return 0;
}
```

结果为________________。

练习 9-2　阅读代码清单 9-5，写结果。

代码清单 9-5

```
#include<iostream>
using namespace std;
int main(){
    int x,y,i;
    x=y=0;
    for(i=1;i<10;i+=2){
        x+=i;
        y+=i+1;
    }
    cout<<x<<" "<<y<<endl;
    return 0;
}
```

结果为________________。

练习 9-3　阅读代码清单 9-6，写结果。

代码清单 9-6

```
#include<iostream>
using namespace std;
```

```
int main(){
    int max,n,i,x;
    cin>>n>>x;
    max=x;
    for(i=1;i<n;i++){
        cin>>x;
        if(max<x)
            max=x;
    }
    cout<<max<<endl;
    return 0;
}
```

已知程序输入：

```
5 1 2 3 9 5<CR>
```

结果为________________。

练习 9-4　阅读代码清单 9-7，写结果。

代码清单 9-7

```
#include<iostream>
using namespace std;
int main(){
    for(int i=0;i<=3;i++){
      for(int j=0;j<=5;j++)
      {
          if(i==0||j==0||i==3||j==5)
              cout<<"#";
          else cout<<" ";
      }
      cout<<endl;
    }
    return 0;
}
```

结果为________________。

练习 9-5　7 的倍数问题。

计算 1 至 100 中是 7 的倍数的数的和。

输入：无。

输出：一个整数，即 1 至 100 中是 7 的倍数的数的和。

样例输入： 无

样例输出：

```
735
```

提示

本题是 for 循环嵌套 if 结构。可以设定循环变量 i 初值为 1；循环终止条件是 i 小于等于 100，改变循环初值是每次 i 自身加 1。7 的倍数表示为 i%7==0。

练习 9-6　神奇的算式问题。

已知一个算式 $abc + bcc = 458$，其中 abc 和 bcc 是两个三位数，求 a、b、c 分别是多少？

输入：无。

输出：3 个整数，即 a、b、c 的值。

样例输入： 无

样例输出：

```
3 1 4
```

提示

本题是三重 for 循环嵌套 if 结构。a 从 1 到 9，b 从 0 到 9，c 从 0 到 9。a、b、c 组成三位数的表达式为"a*100+b*10+c"。b、c、c 组成三位数同理。

第 10 课　卡路的历练 2：for 循环举例

学习了已知次数型循环（for），卡路决定再练习几道题，巩固学过的知识。

期末考试后，数学科的李老师要根据全班同学的数学分数（整数）计算平均成绩，已知班上学生的人数，请帮助李老师完成这个任务。

【例 10-1】 平均成绩问题。

输入：共两行，第一行有一个整数 n（$1 \leqslant n \leqslant 100$），表示学生的人数。第二行有 n 个整数，表示每个学生的数学分数，取值为 0 到 100。

输出：共 1 行，该行包含一个浮点数，为要求的平均成绩。

样例输入：

```
5
99 98 97 96 95
```

样例输出：

```
97
```

【数学分析】

设有 n 个学生，每个学生的成绩分别为 x_1、x_2、x_3……x_n，

则平均成绩 $=\dfrac{x_1+x_2+x_3+\cdots+x_n}{n}$。

【算法描述】

（1）定义循环变量 i，整型变量 n 为学生数，定义一个浮点变量 x 为成绩，定义一个浮点变量 average 为平均成绩。

（2）输入学生数 n（此为循环的终止值）。

（3）循环 n 次，每次实现的功能有：

- 输入一个学生的成绩；
- 累加总成绩；
- 平均成绩 = 累加总成绩 /n。

（4）输出平均成绩 average。

平均成绩问题的程序实现如代码清单 10-1 所示。

代码清单 10-1

```
#include<iostream>
using namespace std;
int main(){
    int n,i;
    double x,sum=0,average;
    cin>>n;
    for(i=0;i<n;i++){
        cin>>x;
        sum+=x;
    }
    average=sum/n;
    cout<<average<<endl;
    return 0;
}
```

接下来，卡路要解决的是水仙花数问题、输出图形问题、幂的末尾问题和救援问题。

【例 10-2】 水仙花数问题。

水仙花数的定义是：n 位数的每个数位的 n 次方之和等于数字本身，例

如，三位数的 3 个数位上的数字的立方加起来等于该三位数，四位数的 4 个数位上的数字的 4 次方加起来等于该 4 位数……这种数字有个有趣的英文名叫 narcissistic number，原意是“自恋数”。英语 narcissistic 这个词源自希腊神话中的自恋美少年 Narcissus，后来他变成了水仙花，narcissus 就是“水仙花”的意思，于是有人放弃“自恋数”而取了“水仙花数”这个比较好听的名字。

请编写一段程序输出 100 ～ 999 中的水仙花数。若三位数 ABC，$ABC=A^3+B^3+C^3$，则称 ABC 为水仙花数。例如 153，$1^3+5^3+3^3=1+125+27=153$，则称 153 是水仙花数（见图 10-1）。

图 10-1　水仙花数 153

【数学分析】

该题可以采用列举所有可能的值（穷举法）的方法，循环从 100 到 999。在循环体中将三位数拆分成个位、十位和百位，然后判断各个位的立方和是否等于自身，如果等于则输出，否则继续循环。

【算法描述】

（1）定义循环变量 i，分别定义个位、十位和百位变量 a、b、c。

（2）输入无。

（3）循环变量 i 介于 100 和 999 之间。

- 求个位、十位、百位：a=i%10；b=i%100/10；c=i/100；
- 判断如果 i=a*a*a+b*b*b+c*c*c，那么输出 i；
- 继续循环。

（4）输出包含在（3）中。

具体程序实现如代码清单 10-2 所示。

代码清单 10-2

```
#include<iostream>
using namespace std;
int main(){
    int i,a,b,c;
    for(i=100;i<1000;i++){
```

```
        a=i%10;             //个位
        b=(i%100)/10;         //十位
        c=i/100;              //百位
        if(a*a*a+b*b*b+c*c*c==i)
          cout<<i<<" ";
    }
    return 0;
}
```

【例 10-3】 输出图形问题。

利用 for 循环语句输出图 10-2 所示的三角形。

```
   *
  ***
 *****
*******
```

图 10-2　输出三角形

【数学分析】

这是最经典的循环程序之一。通常用双重循环实现图形，外层循环用于控制图形的行数，内层分不同字符按规律用循环处理。分析本例图形，共 4 行，所以外层循环 4 次。若图形每一行由 3 部分组成——空格、星号和回车换行符，则外层循环体分为 3 部分——空格的处理、星号的处理和回车换行符的处理。寻找每一行的规律：

第 1 行，空格 3 个，星号 1 个，回车换行符 1 个；

第 2 行，空格 2 个，星号 3 个，回车换行符 1 个；

第 3 行，空格 1 个，星号 5 个，回车换行符 1 个；

第 4 行，空格 0 个，星号 7 个，回车换行符 1 个；

综上所述，第 i 行有（$4-i$）个空格、（$2i-1$）个星号，以及 1 个回车换行符。

输出（$4-i$）个空格，可以用循环 1 ～（$4-i$）来表示，输出（$2i-1$）个星号，可以用循环 1 ～（$2i-1$）来表示。

【算法描述】

（1）定义循环变量 i 和 j。

（2）输入无。

（3）循环 i 为 1 ～ 4（控制行数）：循环 j 为 1 ～（4-i）输出空格；循环 k 为 1 ～（2*i-1）输出星号；输出一个回车换行符。

（4）输出包含在（3）中。

注 意

此程序要注意循环控制边界问题。

输出图形问题的程序实现如代码清单 10-3 所示。

代码清单 10-3

```
#include<iostream>
using namespace std;
int main(){
   int i,j;
   for(i=1;i<=4;i++){
       for(j=1;j<=4-i;j++)
           cout<<' ';
       for(j=1;j<=2*i-1;j++)
       cout<<'*';
        cout<<endl;
    }
    return 0;
}
```

【例 10-4】 幂的末尾问题如图 10-3 所示。

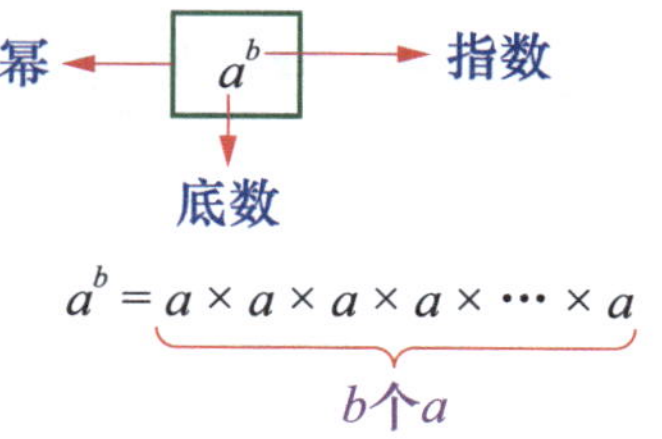

图 10-3　幂的末尾问题

幂 a^b 的末尾三位数是多少？

输入：一行，两个正整数 a 和 b。$1 \leqslant a \leqslant 100$，$1 \leqslant b \leqslant 10000$。

输出：一行，从高位到低位输出幂的末 3 位数字，中间无分隔符。若幂本身不足 3 位，在前面补零。

样例输入：

```
7 2011
```

样例输出：

```
743
```

【数学分析】

根据题意，直接计算$a^b=\overbrace{a\times a\times a\times\cdots\times a}^{b\text{个}a\text{相乘}}$几乎是不可能的任务，因为数据太大。我们可以循环 b 次，每次提取运算结果的末 3 位与 a 相乘，这样会大大减少运算量。

最后还要判断结果的位数：如果结果是三位数，那么直接输出结果；如果结果是两位数，那么输出一个零再输出结果；对于其他情况，输出两个零再输出结果。

【算法描述】

（1）定义循环变量 i，底数变量 a，指数变量 b，结果变量 r=1。

（2）输入 a 和 b。

（3）循环 i 从 1 到 b：

- r=(r*a) 取模 1000；
- 如果 r > 100, 那么输出 r；
- 如果 r > 10, 那么输出 0，再输出 r；
- 对于其他情况，输出 00，再输出 r。

（4）输出包含在（3）中。

具体程序实现如代码清单 10-4 所示。

代码清单 10-4

```
#include<iostream>
using namespace std;
int main(){
    int i,r,a,b;
    cin>>a>>b;
    r=1;
    for(i=1;i<=b;i++){
        r=(r*a)%1000;
    }
     if(r>100) cout<<r<<endl;
     else if(r>10) cout<<'0'<<r;
         else  cout<<"00"<<r;
     return 0;
}
```

【例 10-5】 救援问题。救生船从大本营出发，营救若干屋顶上的人回到大本营，屋顶数目以及每个屋顶的坐标和人数都将由输入决定，求出所有人到达大本营并登陆所用的时间。

救援坐标如图 10-4 所示，在直角坐标系的原点是大本营，救生船每次从大本营出发，救了人之后将人送回大本营。坐标系中的点代表屋顶，每个屋顶由其位置坐标和其上的人数表示。救生船每次从大本营出发，以速度 50m/min 驶向下一个屋顶，到达一个屋顶后，救下其上的所有人，每人上船需用 1min，船原路返回，达到大本营，每人下船需用 0.5min。假设原点与任意一个屋顶的连线不穿过其他屋顶。

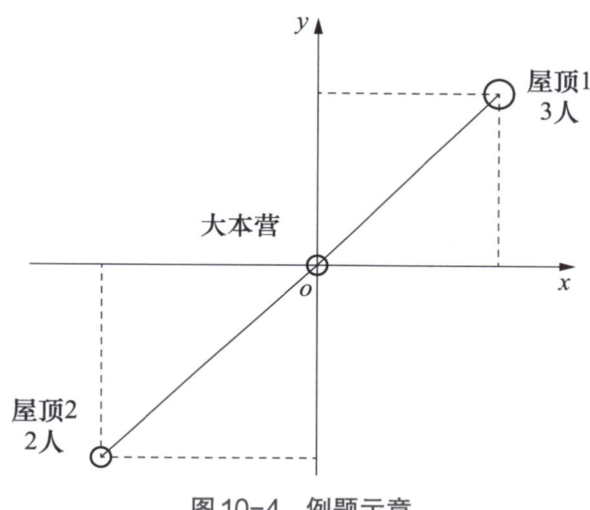

图 10-4　例题示意

输入：n+1 行，第一行是一个整数，表示屋顶数 n。接下来依次有 n 行输入，每一行包含两个表示屋顶相对于大本营的平面坐标位置的实数（单位：m）、一个表示人数的整数。

输出：一行救援需要的总时间，精确到分钟（向上取整）。

样例输入：

```
2
30 40 3
-30 -40 2
```

样例输出：

```
12
```

【数学分析】

设屋顶个数为 n，屋顶的坐标是 (x, y)，大本营到屋顶的距离是 d，屋顶的人数是 m，所有人到达大本营并登陆所用的时间 time，则大本营到屋顶的距离 d，根据勾股定理$d=\sqrt{x^2+y^2}$求出一次救援时间 = 大本营到屋顶时间 + 上人时间 + 屋顶到大本营时间 + 下人时间，即

$$\text{time}=\frac{d}{50}+m\times1+\frac{d}{50}+m\times0.5=2\times\frac{d}{50}+(m\times1)+(m\times0.5)$$

n 个屋顶且原点与任意一个屋顶的连线不穿过其他屋顶表明，循环 n 次，将 time 累加即可。

【算法描述】

（1）定义循环变量 i，屋顶数 n，屋顶坐标值 x、y，屋顶人数 m，均为整型。定义距离 d，救援时间 time 为浮点型，并设 time 初值为 0.0。

（2）输入 n。

（3）循环 i 从 1 到 n：

- 输入每个屋顶的坐标值和人数：x、y 和 m；
- 计算距离 d；
- 计算 time。

（4）输出 ceil(time)，即时间向上取整，调用系统数学函数需包含 cmath 头文件。

具体程序实现如代码清单 10-5 所示。

代码清单 10-5

```
#include<iostream>
#include<cmath>
using namespace std;
int main(){
    int n,x,y,m,i;
    double d,time=0.0;
    cin>>n;
    for(i=1;i<=n;i++){
        cin>>x>>y>>m;
        d=sqrt(pow(x,2)+pow(y,2));
        time+=m*1+2*(d/50)+m*0.5;
    }
    cout<<ceil(time);
```

```
    return 0;
}
```

本课主要介绍了如下问题的解决方法。

（1）平均成绩问题。

（2）水仙花数问题。

（3）输出图形问题。

（4）幂的末尾问题。

（5）救援问题。

练习 10-1　求解算式问题。

请编写一段程序，计算 1 − 3 + 5 − 7 + … + 97 − 99 的结果。

输入：无。

输出：一个整数，算式的结果。

样例输入：无

样例输出：

```
-50
```

练习 10-2　三位奇数问题。

请编写一段程序，统计用 0 到 9 可以组成多少个没有重复的三位奇数。

输入：无。

输出：一个整数，没有重复的三位奇数的个数。

样例输入：无

样例输出：

```
320
```

练习 10-3　整数的因数问题。

因数又称约数，是一个常见的数学名词。一个数的因数，就是所有可以整除这个数的数。例如，18 的因数（约数）有 1、2、3、6、9、18 共 6 个因数。

现要求输入一个整数 n，求出它的所有因数。

输入：一个整数 n，即待求因数的整数（$1 < n < 10000$）。

输出：若干个整数，即 n 的所有因数。

样例输入：

```
18
```

样例输出：

```
1 2 3 6 9 18
```

提示

本题是 for 循环嵌套 if 结构。本题的 for 循环可以有多种形式：

（1）循环变量 a 从 1 到 n，a 每次增 1，列举全部 1 到 n 的数据；

（2）循环变量 a 从 1 到 sqrt (n)($\sqrt{n}$)，a 每次增 1。因为对于 n=a*b，如果 a<b，则必然存在 a<=sqrt(n) 且 b>=sqrt(n)，这样我们只需判断 a 并计算 b=n/a 即可。

判定（if 结构）的条件是 n%a==0。

练习 10-4　鸡兔同笼问题。

鸡兔同笼问题是我国古代著名的趣味算术题之一。大约在 1500 年前，《孙子算经》记载了这个有趣的问题。大体是说，一个笼子里既有鸡又有兔子，已知鸡、兔共有 35 只，脚共有 94 只，问鸡、兔各有多少只。请编写一段程序，计算鸡和兔子各有多少只？

输入：无。

输出：两个整数，即鸡和兔子的数量。

样例输入： 无

样例输出：

```
23 12
```

提示

本题有多种解法，既可以不用循环求解，又可以利用 for 循环列举所有可能的鸡数和兔子数求解。

利用 for 循环求解时是 for 循环嵌套 if 结构。for 循环中鸡数 a 从 1 到 34，每次增 1，兔子数 b 等于 (35 - 鸡数 a)。if 结构是如果“a*2+b*4==94”，则输出

a 和 b。

练习 10-5　完全数问题。

完全数（又称完美数或完备数）是一些特殊的自然数，即如果一个数恰好等于除它本身以外的因子之和，则称该数为“完全数”。例如，第一个完全数是 6 = 1 + 2 + 3，第二个完全数是 28 = 1 + 2 + 4 + 7 + 14，等等。

请编写一个程序，统计 10000 以内的完全数。

输入：无。

输出：若干个整数，即 10000 以内的完全数。

样例输入：无

样例输出：

```
6 28 496 8128
```

练习 10-6　花束问题。

花店里新购入一批鲜花，五颜六色非常好看。路西准备从其中的 4 枝蓝花、5 枝红花和 6 枝黄花中取出 8 枝花组成一束花，且她必定会选择红花。请编写一段程序，统计共有多少种选择方案。

输入：无。

输出：一个整数，即方案数。

样例输入：无

样例输出：

```
23
```

提示

```
采用穷举法：
方案数初始为 0
for ( 蓝花数 = 0 ～ 4 )
    for ( 红花数 = 1 ～ 5 ) {
       黄花数 = 8- 蓝花数 - 红花数;
          如果黄花数 >= 0&& 黄花数 <= 6, 则方案数加 1;
}
```

第 11 课 神奇的圆周率：当型循环与直到型循环

卡路的班主任刘老师是一位严肃认真又和蔼可亲的数学老师。她经常给学生布置一些任务，让大家在班里分享一些数学知识。这天，她找到卡路，让他查找一下圆周率 π 的求法并讲给同学们听。卡路不以为意，心想："不就是圆的周长与直径的比值吗？太简单了吧！"卡路痛快地接受了任务。为了不在同学们面前丢脸，回到家，他马上找来科迪，一起研究圆周率的求法。这一研究才发现不得了！原来圆周率的求法有好多种：割圆术、马青公式、拉马努金公式、莱布尼兹级数公式等，每一种的原理都复杂无比，卡路看得头都大了！

"这么多啊，有点难度！"卡路开始后悔接受这个任务了，向科迪求助道，"科迪，该怎么办呢？"科迪胸有成竹地说道："不急，不急，咱们详细介绍一种就可以了。"于是它给卡路介绍了莱布尼兹级数求圆周率的方法。

级数是指一个有穷或无穷的序列 $u_0, u_1, u_2, \cdots$的元素和。1674 年，德国数学家莱布尼兹发现了一种级数并提出利用这种级数求圆周率 π。后来经过多位数学家的改进，这种级数求圆周率的方法终于得以完善。人们为了纪念莱布尼兹的贡献，就把这种级数叫作“莱布尼兹级数”了。

莱布尼兹级数计算圆周率的公式为

$$\frac{\pi}{4}=1-\frac{1}{3}+\frac{1}{5}-\frac{1}{7}+\cdots+(-1)^n\frac{1}{2n+1}，其中 n\in\{0,1,2,\cdots\}$$

“这就能求出圆周率 π?!”卡路终于有信心跟同学们分享这个神奇的数学常数了，“真那么神奇吗？”他还是有点不太相信，于是他决定编写一段程序验证一下这个公式。科迪要求这个公式精确度为 10^{-6}，即公式中某项的绝对值小于等于 0.000001。

【例 11-1】 神奇的圆周率。

样例输入：无

样例输出：

```
3.14159
```

小知识

绝对值表示数据的非负部分。正数的绝对值是它本身，负数的绝对值是它的相反数，0 的绝对值还是 0。例如，3 的绝对值为 3，−3 的绝对值也为 3。

【数学分析】

分析公式：

$$\frac{\pi}{4}=1-\frac{1}{3}+\frac{1}{5}-\frac{1}{7}+\cdots+(-1)^n\frac{1}{2n+1}$$

这个公式需要反复进行加减运算，每次判断公式中待加减项的绝对值是否大于 0.000001，如果大于为真就继续加减运算，否则就结束运算。

执行中，我们不知道循环次数，只知道循环条件（待加减项的绝对值＞0.000001），此时可以使用当型循环进行编程，当待加减项的绝对值＞0.000001 为真时循环，否则退出循环。

变量设置如图 11-1 所示。

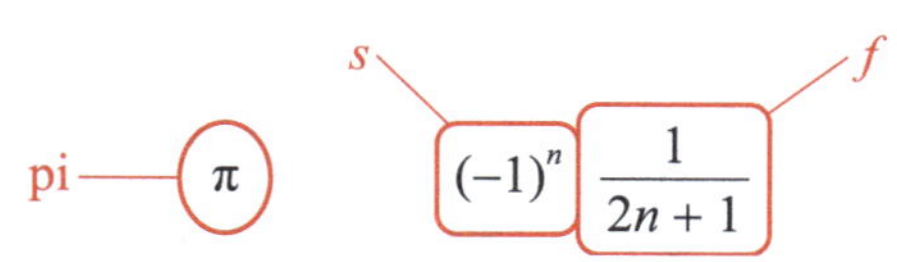

图 11-1　变量设置

初始时，各变量如下。

（1）用变量 pi 表示要计算的结果 π。

设 pi 初值为 0（还没开始计算）。

（2）用变量 s 表示每项符号 $(-1)^n$(其中 $n=0,1,2,\cdots$)。设 s 初值为 1。

（3）用变量 f 表示每项绝对值 $\frac{1}{2n+1}$(其中 $n=0,1,2,\cdots$)。设 f 初始值为 1。

（4）循环终止条件是 $f>0.000001$，当这个条件为真时循环，为假结束循环。

循环中，各变量如下。

$pi=s_1f_1+s_2f_2+s_3f_3+\cdots$；循环完成后别忘了结果要乘以 4，即结果为 4pi。

在上述算式中，$s_1=1, s_2=-1, s_3=1,\cdots$，可以用 $s=-s$; 语句表示符号交替。

在上述算式中，$f_1=1=1/1$，$f_2=1/3$，$f_3=1/5$，…，$f_n=1/n$，可以用 `n+=2;f=1/n;` 语句计算。

综上所述，我们通过循环结构的 4 个要素梳理下这个问题的主要部分，如表 11-1 所示。

表 11-1　主要部分

循环初始条件（初值）	pi=0,s=1; n=1; f=1/n;
循环终止条件（终止值）	f>0.000001
循环体	pi+=s*f;s=-s;
改变初始条件的语句（增量）	n+=2;f=1/n

注 意

各变量的类型都是实数型。

【算法描述】

（1）定义结果变量 pi=0，符号变量 s=1，项数绝对值分母变量 n=1，项数绝对值变量 f=1/n。

（2）输入无。

（3）当 f > 0.000001 时，循环

- 累加项数 pi=pi+s*f ；
- 改变符号 s=-1；
- 项数绝对值分母变量 n=n+2；
- 改变项数绝对值 f=1/n。

（4）输出 pi*4。

（1）循环开始时不知道循环次数怎么办？

（2）除了 for 循环，还有其他循环吗？

（3）当型循环和直到型循环执行的流程是怎样的？

神奇的圆周率问题的程序实现如代码清单 11-1 所示。

代码清单 11-1

```
#include<iostream>
using namespace std;
int main(){
    double pi=0,n=1,s=1,f;
    f=1.0/n;
    while(f>=0.000001){
        pi+=s*f;
        s=-s;
            n+=2;
         f=1/n;
     }
     cout<<pi*4<<endl;
     return 0;
}
```

除了已知次数型循环，有的循环是不知道循环次数的，如例 11-1 所示。这时可以使用当型循环或直到型循环来完成程序。当型循环和直到型循环也可以用于次数型循环，不过略比 for 循环麻烦。此外，3 种循环都可以在循环过程中强行退出，这时需要使用 break 或 continue 语句。

11.1　当型循环

在不知道循环次数时，也可以进行循环操作，这时可以用到当型循环。当型循环又称 while 循环，表示当循环条件为真时，执行循环体（条件为假时结束循环）。当型循环格式的说明如图 11-2 所示。

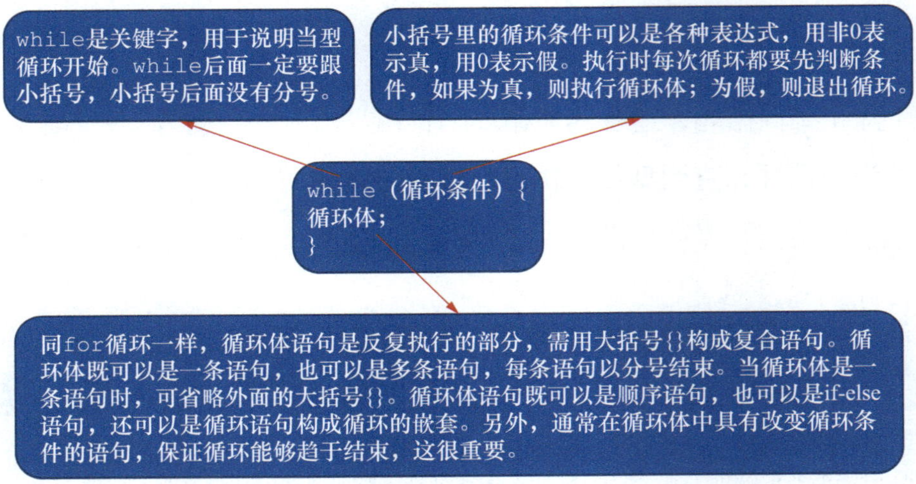

while是关键字，用于说明当型循环开始。while后面一定要跟小括号，小括号后面没有分号。

小括号里的循环条件可以是各种表达式，用非0表示真，用0表示假。执行时每次循环都要先判断条件，如果为真，则执行循环体；为假，则退出循环。

```
while (循环条件) {
循环体;
}
```

同for循环一样，循环体语句是反复执行的部分，需用大括号{}构成复合语句。循环体既可以是一条语句，也可以是多条语句，每条语句以分号结束。当循环体是一条语句时，可省略外面的大括号{}。循环体语句既可以是顺序语句，也可以是if-else语句，还可以是循环语句构成循环的嵌套。另外，通常在循环体中具有改变循环条件的语句，保证循环能够趋于结束，这很重要。

图 11-2　当型循环格式的说明

提示

尽管 while 语句本身没有明确指定循环初值和使循环趋于结束的语句，但 while 循环依然必须包含循环结构的 4 个要素（循环初值、循环终止条件、使循环趋于结束的语句和循环体）。在使用时，同学们需要添加没有的部分。

当型循环的执行过程如图 11-3 所示。

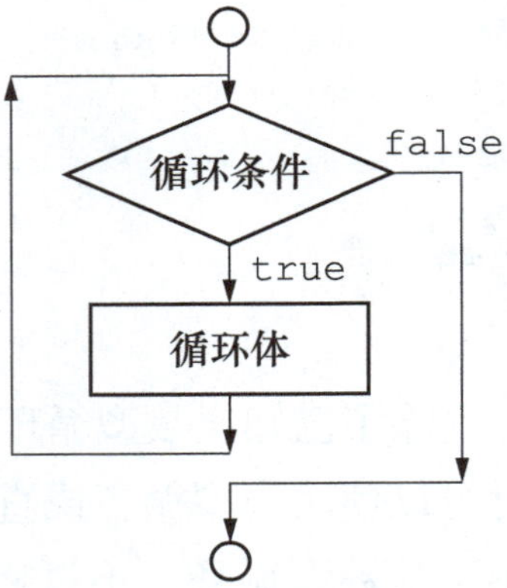

循环条件
false
true
循环体

图 11-3　当型循环的执行过程

【例 11-2】 求最大公约数。

约数：4 能被 2 整除，则 2 就叫作 4 的约数（又称因数或因子），即如果数 a 能被数 b 整除，b 就叫作 a 的约数。

公约数：12、16 都能被 4 整除，所以 4 叫作 12 和 16 的公约数，即几个整数公有的约数，叫作这几个数的公约数。

最大公约数：公约数通常不是只有一个，例如，12、16 的公约数有 1、2 和 4。那么其中最大的一个，叫作这几个数的最大公约数。例如，4 是 12 与 16 的最大公约数，一般记为 (12, 16)=4。

求两个自然数的最大公约数方法很多，辗转相除法是其中一种方法，基本过程为：反复用除数代替被除数，余数代替除数，当余数为 0 时，除数即为最大公约数。

例如，求 (12, 16)：

16 ÷ 12 = 1(余 4)，代替后 (12, 4)；

12 ÷ 4 = 3(余 0)；所以 (12, 16) 最大公约数为 4。

又如，求 (12, 32)：

因为 32 ÷ 12 = 2(余 8)，(12, 8) 代替 (12, 32)；

因为 12 ÷ 8 = 1(余 4)，(8, 4) 代替 (12, 8)；

因为 8 ÷ 4 = 2(余 0)，所以 (12, 32)= 4。

编程利用辗转相除法求两个正整数 m 和 n 的最大公约数。

样例输入：

```
12 32
```

样例输出：

```
最大公约数=4
```

【数学分析】

设两个整数为 m 和 n，余数为 r，则辗转相除法如下：

求 $m \div n$ 的余数 r；

当 $r \neq 0$ 时，执行第 3 步；若 $r = 0$，则 n 为最大公约数，算法结束；

将 n 的值赋给 m，将 r 的值赋给 n；再求 $m \div n$ 的余数 r；

转到第 2 步，继续。

【算法描述】

（1）定义整数变量 m、n 和余数变量 r，均为整型。

（2）输入 m 和 n。

（3）计算 m÷n 的余数 r。当 r≠0 时，执行将 n 的值赋给 m；将 r 的值赋给 n；再求 m÷n 的余数 r。

（4）r=0，循环结束，输出 n。

求最大公约数问题的程序实现如代码清单 11-2 所示。

代码清单 11-2

```
#include <iostream>
```

```
using namespace std;
int main(){
  int m,n,r;
  cin>>m>>n;
  r =m % n;
  while (r!=0){
    m=n;
    n=r;
     r=m % n;
  }
   cout<<"最大公约数="<<n<<endl;
   return 0;
}
```

提示

代码清单 11-2 中 cout 的 "最大公约数 =", 起到提示结果是什么的作用。在编程时，同学们应多加提示，这样可以增强程序的可读性。

11.2 直到型循环

直到型循环又叫作 do-while 循环，表示执行循环体，直到条件为假结束（条件为真继续循环）。它与 while 循环的不同在于，do-while 循环先执行循环体再判断，所以循环体至少执行一次。while 循环是先判断再执行循环体，所以可能一次也不执行。对于直到型循环，这里仅解释说明，不举例。直到型循环的说明如图 11-4 所示。

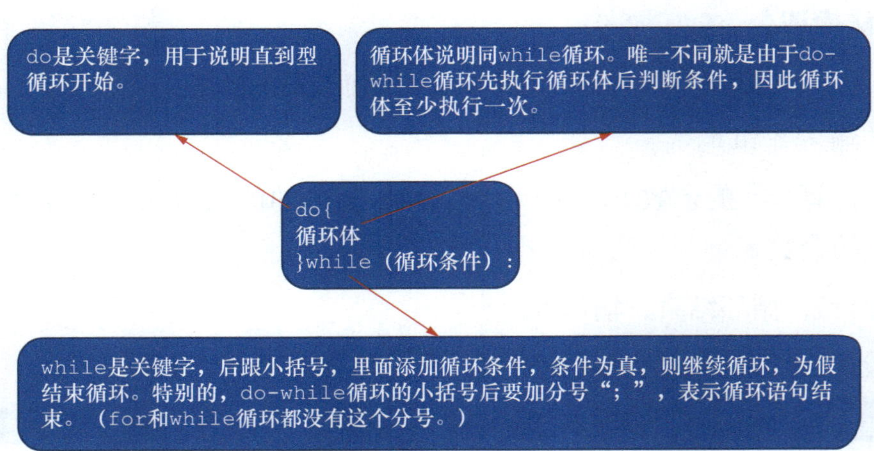

图 11-4　直到型循环的说明

直到型循环的执行过程如图 11-5 所示。

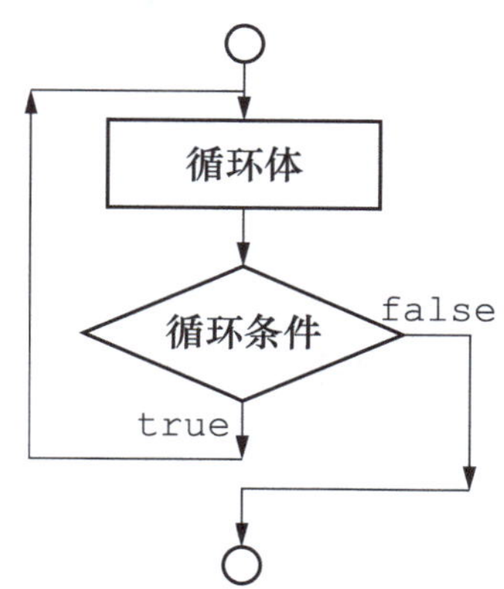

图 11-5　直到型循环的执行过程

11.3　break 和 continue

在 for、while 和 do-while 循环体中，可以使用 break 语句或 continue 语句终止循环。

break 语句的作用是强制结束循环体（即使循环还没有执行完），转向执行循环外的下一条语句。

continue 语句的作用是强制结束本次循环，开始下次循环，即跳过循环体中 continue 语句之后的语句，重新判断循环条件。

break 和 continue 都是强制结束循环，所不同的是 break 是完全终止循环，而 continue 只终止本次循环，重新判断条件以继续下次循环。

当有多层循环嵌套时，break 和 continue 只对当前循环层（即包含这两个语句的循环层）起作用，而不影响其他层循环的执行。

阅读代码清单 11-3，写输出结果。

代码清单 11-3

```
for(i = 0 ; i < 10 ; i++){
    if(i==2)break;
    cout << i << endl;
}
```

解析：输出 01，这是因为当 i 为 2 时，执行 break 语句将终止循环。

阅读代码清单 11-4，写输出结果。

代码清单 11-4

```
for(i = 0 ; i < 10 ; i++){
    if(i % 2 == 0) continue;
    cout << i << endl;
}
```

解析：输出 1、3、5、7、9（每个数字占一行），这是因为当 i 为 2 的倍数时，执行 continue 语句结束本次循环，开始下次循环。当 i 为 2 的倍数时，后面的输出语句并没有执行。

小知识

break 除了在循环中用于终止循环，还可以用于多分支选择结构的 switch-case 语句，作用是跳出分支。

本课主要介绍了以下内容。

（1）不需要知道循环次数的当型循环的格式和举例。

（2）直到型循环的格式。

（3）用于终止循环的 break 和 continue 语句。

（4）本次课介绍的关键字包括 while、do、break 和 continue。

练习 11-1　阅读代码清单 11-5，写结果。

代码清单 11-5

```
#include<iostream>
using namespace std;
int main(){
    int i=0,sum=0;
    while(i<=10){
        sum+=i;
        i+=1;
    }
```

```
    cout<<sum<<endl;
    return 0;
}
```

结果为＿＿＿＿＿＿＿＿＿。

练习11-2　阅读代码清单11-6，写结果。

代码清单 11-6

```
#include<iostream>
using namespace std;
int main(){
    int n=0;
    while(n<=2){
        n++;
        cout<<n<<endl;
    }
    return 0;
}
```

结果为＿＿＿＿＿＿＿＿＿。

练习11-3　阅读代码清单11-7，写结果。

代码清单 11-7

```
#include<iostream>
using namespace std;
int main(){
    inta= 1,b=10;
    do{
        b-=a;
        a++;
    }while(b-- < 0);
    cout << a << "   " << b << endl;
    return 0;
}
```

结果为＿＿＿＿＿＿＿＿＿。

练习11-4　阅读代码清单11-8，写结果。

代码清单 11-8

```
#include<iostream>
using namespace std;
int main(){
```

```
    int i;
    for(inti=1;i<=5; i++){
        if(i%2)cout<<"@";
        else continue;
        cout<<"!";
    }
    cout <<"." <<endl;
    return 0;
}
```

结果为______________。

练习 11-5　阅读代码清单 11-9，写结果。

代码清单 11-9

```
#include<cmath>
#include<iostream>
using namespace std;
int main(){
    float a,b,c;
    cin>>a>>b;
    c=a/b;
    while(1){
        if(fabs(c)>1){
            a=b;
            b=c;
            c=a/b;
        }else
            break;
    }
    cout<<b<<endl;
    return 0;
}
```

设程序输入如下：

```
3.6 2.4<CR>
```

则输出结果为______________。

练习 11-6　卖桃子问题。

水果店新购入一批桃子，足足有 1020 个。第一天卖了一半多两个，以后每天卖剩下的一半多两个，问几天以后能卖完这些桃子？

输入：无。

输出：一个整数，即卖完桃子的天数。

样例输入：无

样例输出：

```
8
```

第 12 课　卡路的历练 3：循环综合举例

学习了已知次数型循环（for）、当型循环（while）和直到型循环（do-while）后，卡路决定做些练习，巩固学过的知识。

【例 12-1】 质数问题。

质数又称素数，是一个大于 1 的自然数，除了 1 和它自身，不能整除其他自然数，如图 12-1 所示。请编写一段程序，输出 100 和 200 之间的所有质数。

图 12-1　质数

输入：无。

输出：若干个整数，即 100 ～ 200 的质数。

样例输入： 无

样例输出：

```
101    103    107    109    113    127    131    137    139    149    151
157    163    167    173    179    181    191    193    197    199
```

提示

每行输出数据的个数是由屏幕的宽度决定的，不一定与样例输出相同。

【数学分析】

我们可以采用穷举法实现这个程序。穷举法也称枚举法，其基本思想是根据题目的部分条件确定答案的大致范围，并在此范围内对所有可能的情况逐一验证，直到全部情况验证完毕。若某个情况验证符合题目的全部条件，则为本问题的一个解；若全部情况验证后都不符合题目的全部条件，则本题无解。

本题可以穷举 100 和 200 之间的每一个整数（第一层 for 循环），然后进行判断，若它是素数，则输出。而对于任意整数 i，根据素数定义，我们从 2 开始，到 $\sqrt{i}$，找 i 的第一个约数（第二层 for 循环），若找到第一个约数，则 i 必然不是素数。i 是否是质数可以用一个标志判断，如果标志为 1 说明是质数，否则不是质数。

【算法描述】

（1）定义循环变量 i、j 和质数标志 flag。

（2）输入：无。

（3）循环 i 从 100 到 200。设置 flag 为 1；循环 j 从 2 到 sqrt（i）；如果 i 能被 j 整除（i 除以 j 的余数为 0）；那么 i 不是质数，flag 改为 0，并终止 j 循环。在 j 循环后，如果 flag 仍等于 1，那么说明 i 不能被任何 j 整除，则 i 是质数，输出。

（4）输出包含在（3）中。

质数问题的程序实现如代码清单 12-1 所示。

代码清单 12-1

```
#include <iostream>
#include<cmath>
using namespace std;
int main (){
  int i,j,flag;
  for (i=100;i<=200;i++) {
    flag=0;
    for(j=2;j<=sqrt(i);j++)
     if(i%j==0){
        flag=1;
```

```
            break;
        }
      if(flag==0)
          cout<<i<<"\t";
   }
   return 0;
}
```

【例 12-2】 百人百砖。

一百块砖，一百人搬。男人搬四块砖，女人搬三块砖，两个小孩搬一块砖，如图 12-2 所示。若要求一次全搬完，问男人、女人和小孩各多少人？

图 12-2　搬砖

输入：无。

输出：若干个整数，即满足条件的男人、女人、小孩的人数（可以有多组）。

样例输入：无

样例输出：

```
5,13,82
10,6,84
```

【数学分析】

本题依然是穷举法的应用。列举男人、女人、小孩的所有可能，从中找到满足条件的可能组合。

（1）一共 100 块砖，因为男人一次可以搬 4 块砖，所以男人最多 25 人，最少 1 人。

（2）一共 100 块砖，因为女人一次可以搬 3 块砖，所以女人最多 33 人，最少 1 人。

（3）一共 100 块砖，因为两个小孩可以搬 1 块砖，所以小孩最多 200 人，但因为最多 100 人，所以小孩只能最多 100 人，最少 2 人，且只能是 2、4、6、8 这样的偶数。

将上述所有可能加以组合，判断是否满足题目中的条件，条件有两个：

（1）男人数 + 女人数 + 小孩数 =100 人；

（2）男人数 ×4+ 女人数 ×3+ 小孩数 /2=100 块砖；

如果满足条件，则输出。

【算法描述】

（1）定义循环变量 i、j 和 k，分别表示男人、女人和小孩的人数。

（2）输入：无。

（3）3 层循环列举所有可能的值：

- 循环 i 从 1 到 25（男人数量）；
- 循环 j 从 1 到 33（女人数量）；
- 循环 k 从 2 到 100 的偶数（小孩数量）；
- 如果 (i+j+k==100)&&(4*i+3*j+k/2==100) ；
- 输出 i、j 和 k。

（4）输出包含在（3）中。

百人百砖问题的程序实现如代码清单 12-2 所示。

代码清单 12-2

```
#include <iostream>
using namespace std;
int main (){
  int i,j,k;
  for (i=1;i<=25;++i) {
    for(j=1;j<=33;j++) {
      for(k=2;k<100;k+=2) {
        if(i+j+k==100&&4*i+3*j+k/2==100)
          cout<<i<<","<<j<<","<<k<<endl;
      }
    }
  }
    return 0;
}
```

【例 12-3】 猴子吃桃问题。

如图 12-3 所示，猴子摘了一堆桃，当天吃掉一半，觉得不过瘾，又多吃了一个；第二天，它吃了剩下的桃子的一半又多一个；以后每天都这样吃下去，直到第 8 天要吃时，它发现只剩下一个桃子了。问猴子第一天共摘下了多少个桃子？

图 12-3 猴子吃桃

输入：无。

输出：一个整数，即猴子第一天摘下的桃子数。

样例输入：无

样例输出：

```
382
```

【数学分析】

这是一个递推问题。递推是一种简单的算法，即通过已知条件，利用特定关系得出中间推论，直至得到结果的算法。递推算法分为顺推和逆推两种。

猴子吃桃属于逆推问题。先从最后一天的桃子数推算出倒数第二天的桃子数，再从倒数第二天的桃子数推算出第三天的桃子数……。设第 n 天的桃子数为 x_n，那么它是前一天的桃子数的 x_{n-1} 的一半减 1，递推公式为 $x_n = x_{n-1}/2-1$，即 $x_{n-1} = (x_n + 1) \times 2$。

【算法描述】

（1）定义循环变量 i，桃子数量 peach，初值为第 8 天的数量 1。

（2）输入：无。

（3）循环 i 从 7 到 1：peach=(peach+1)*2。

（4）输出 peach 的值。

具体程序实现如代码清单 12-3 所示。

代码清单 12-3

```
#include <iostream>
using namespace std;
int main (){
    int peach=1,i;
    for(i=7;i>=1;i--)
        peach=(peach+1)*2;
        cout<<peach;
        return 0;
}
```

【例 12-4】 质因数分解问题。

已知正整数 n 是两个不同的质数的乘积，试求出较大的那个质数。

输入：一行，包含一个正整数 n（$0 < n \leqslant 10000$）。

输出：一行，包含一个正整数 a，即较大的那个质数。

样例输入：

```
21
```

样例输出：

```
7
```

【数学分析】

这个题具有很大的欺骗性，由于题目名为质因数分解，可能会让你马上想到判断质数。但在问题描述中已经确定“n 是两个不同质数的乘积”，实际上不需要判断质数。按顺序求两个乘数，则后一个乘数一定大于或等于前一个乘数。因此这个题目就变成一个整数可以拆成两个数相乘，输出第二个乘数。

【算法描述】

（1）定义循环变量 i 和正整数 n。

（2）输入 n。

（3）循环 i 从 2 到 n/2：如果 n/i==0(说明找到第一乘数)；那么输出 n/i(第二个乘数)，终止循环。

（4）输出包含在（3）中。

质因数分解问题的程序实现如代码清单 12-4 所示。

代码清单 12-4

```
#include <iostream>
```

```
using namespace std;
int main(){
    int n,i;
    cin>>n;
    for(i=2;i<=n/2;i++){
        if(n%i==0) {
            cout<<n/i;
            break;
        }
    }
    return 0;
}
```

【例 12-5】 数字统计问题。

请统计某个给定范围 [l, r] 的所有整数中，数字 2 出现的次数。比如，给定范围 [2, 22]，数字 2 在数 2 中出现了 1 次，在数 12 中出现 1 次，在数 20 中出现 1 次，在数 21 中出现 1 次，在数 22 中出现 2 次，所以数字 2 在该范围内一共出现了 6 次。

输入：一行，为两个正整数 l 和 r（$0 \leqslant l < r \leqslant 1000$），两个整数之间用一个空格隔开。

输出：一行，表示数字 2 出现的次数。

样例输入：

```
2 22
```

样例输出：

```
6
```

【数学分析】

本题是数字拆分的应用。循环从 l 到 r，对于其中每个数字拆分出个、十、百位，判断是否等于 2，如果等于 2，则次数加 1。对于数字拆分，由于不知数字位数，也可以由一个循环实现，如图 12-4 所示。

【算法描述】

（1）定义循环变量 i，上下边界 l 和 r，个数 k 以及十进制权值 y。

（2）输入 l 和 r。

（3）循环 i 从 1 到 r；当 (i/y)≠0 时循环：如果 (i/y)%10 是 2，那么执行 k++;，然后用 y=y*10 再判断 (i/y)≠0。

（4）输出 count。

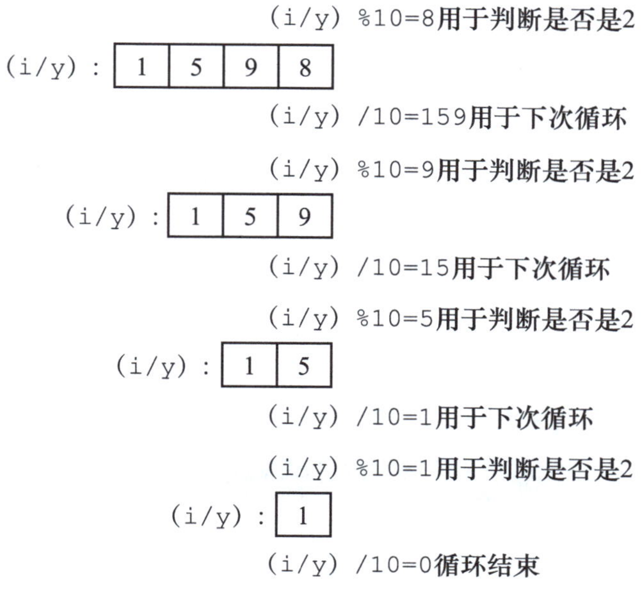

图 12-4　数字拆分示例

具体程序实现如代码清单 12-5 所示。

代码清单 12-5

```
#include <iostream>
using namespace std;
int main(){
    int l,r,i,k,y;
    cin>>l>>r;
    k=0;
    for(i=l;i<=r;i++) {
        y=1;
        while(1) {
            if(i/y%10==2)
                k++;
            y*=10;
            if(i/y==0)
                break;
        }
    }
    cout<<k<<endl;
    return 0;
}
```

本课介绍了如下内容。

（1）质数问题。

（2）百人百砖问题。

（3）猴子吃桃问题。

（4）质因数分解问题。

（5）数字统计问题。

练习 12-1　阅读代码清单 12-6，写结果。

代码清单 12-6

```
#include <iostream>
using namespace std;
int main(){
  int a,b=19;
  while(a=b-1){
      b-=3;
      if(b%5==0){
          a++;continue;
      }else if(b<5)break;
       a++;
   }
   cout<<a<<" "<<b<<endl;
   return 0;
}
```

结果为________________。

练习 12-2　末尾的 3 位数问题。

请编写一段程序，计算 99^{99} 末尾的三位数。

输入：无。

输出：一个 3 位整数 n（即 99^{99} 末尾的三位数）。

样例输入： 无

样例输出：

```
899
```

练习 12-3　求自然常数 e 问题。

已知自然常数 e≈2.718，计算公式如下：

$$e=1+\frac{2}{2!}+\frac{3}{3!}+\cdots$$

编程求 e 的近似值，精度要求为 10^{-6}。

提示

$n!=1\times2\times3\times\cdots\times n$

输入：无。

输出：一个双精度实数，即 e 的近似值。

样例输入：无

样例输出：

```
2.718282
```

练习 12-4　数据统计问题。

输入一些正整数，保证这些数都是不超过 1000 的整数（输入大于等于 1000 的数时，结束程序），求出它们的最小值、最大值和平均值。

输入：若干个正整数，以 1000 为结束。

输出：三部分内容，即最小值、最大值和平均值。

样例输入：

```
2 8 3 5 1 7 3 6 1000
```

样例输出：

```
min=1,max=8,average=4.375
```

练习 12-5　买苹果问题。

最近水果店新购入一批苹果，每个苹果 0.8 元。卡路第一天买 2 个苹果，从第二天开始，每天买前一天的 2 倍，直到当天购买的苹果个数达到且不超过 50 个。请编写程序，求每天平均花多少钱买苹果？

输入：无。

输出：一个单精度实数，即每天平均花的钱数。

样例输入： 无

样例输出：

```
9.92
```

练习12-6　找5的倍数问题。

从键盘输入 n 个整数（$n \leqslant 10$），找到第一个能被 5 整除的数。如果找到了，则输出此数；如果没找到，则输出“未找到”。

输入：n 个整数，即待判断数据，最多 10 个。

输出：1 个整数或“未找到”，1 个整数为输入中第一个能被 5 整除的数。

样例输入 1：

```
1
2
3
4
5
```

样例输出 1：

```
5
```

样例输入 2：

```
1
2
3
4
6
7
8
9
11
12
```

样例输出 2：

```
未找到
```

第 13 课　美味的石榴：一维数组

卡路家的院子里有一棵石榴树。每年石榴成熟时，卡路都会爬到树上去摘石榴，然后跟路西和科迪一起分享。

今年卡路又来采摘了。请编写一个程序，已知树上结了 10 个石榴，石榴到地面的高度分别是 100、200、150、140、129、134、167、198、200 和 111（单位：厘米）。输入卡路把手伸直时能够达到的最大高度，帮卡路计算他能够摘到的石榴的数量。假设他碰到石榴，石榴就会掉下来。

【例 13-1】 美味的石榴。

输入：一行，一个整数 t（$100 \leqslant t \leqslant 150$），即卡路把手伸直的时候能够达到的最大高度。

输出：一行，一个整数 c，即卡路能够摘到的石榴的数量。

样例输入：

```
150
```

样例输出：

```
6
```

【数学分析】

本程序只需比较每个石榴到地面的高度与卡路伸手的高度即可，如果前者小于等于后者，则摘到个数加 1。

【算法描述】

（1）定义具有 10 个元素的数组 h[10]，存放 10 个石榴的高度；定义循环变量 i 和卡路高度 t，并设摘到石榴个数 c 初值为 0。

（2）输入卡路的高度 t。

（3）从 0 ～ 9 循环 i ：如果石榴高度 h[i] <= t 为真，那么 c=c+1。

（4）输出 c。

（1）当有许多类型相同、性质相同的数据时，程序如何存储？

（2）对于这些类型相同、性质相同的数据，该如何统一操作它们？

美味的石榴问题的程序实现如代码清单 13-1 所示。

代码清单 13-1

```
#include <iostream>
using namespace std;
int main(){
    int h[10]={100,200,150,140,129,134,167,198,200,111};
    int i,t,c;
    c=0;
    cin>>t;
    for(i=0;i<10;i++){
        if(h[i]<=t)
            c++;
    }
    cout<<c<<endl;
    return 0;
}
```

13.1　数组的概念

数组就是一组数。数组是一种新的数据类型，它把多个数据按顺序组合在一起并起了一个名字（数组名）。其中，每个数据称为数组中的一个元素，所有元素的数据类型相同。例 13-1 中的第 4 行定义了数组用于存放石榴距地面高度的数据。它具有 10 个元素，每个元素的类型为整型，数组名是 h，如图 13-1 所示。

```
4.      int h[10]={100,200,150,140,129,134,167,198,200,111};
```

图 13-1　数组初始化

组成数组的各个数据称为数组的分量，也称为数组的元素，有时也称为下标变量，用于区分数组的各个元素的数字编号称为下标。例 13-1 中的第 8 行～第 11 行就是利用循环访问数组的每个元素，其中 h[i] 表示数组中的一个数组元素，如图 13-2 所示。

```
8.      for(i=0;i<10;i++){
9.          if(h[i]<=t)
10.             c++;
11.     }
```

图 13-2　数组元素访问方法

数组可分为一维数组、多维数组、字符数组和可变长数组等，本课介绍一维数组。

13.2　一维数组的定义

如图 13-3 所示，如果数组名后跟一个方括号，则称之为一维数组。一维数组的说明如图 13-3 所示。

例如：

```
int a[10];              //数组a定义是合法的
int b[n];               //数组b定义是非法的，元素个数不能是变量
```

```
4.        int h[10]={100,200,150,140,129,134,167,198,200,111};
```

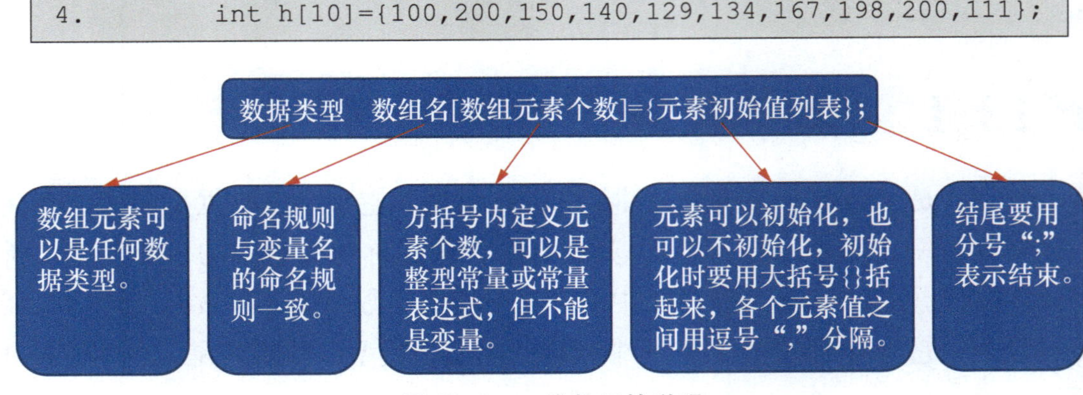

图 13-3　一维数组的说明

13.3　一维数组的初始化

同变量初始化一样，数组初始化就是在定义数组时为数组中的各元素赋初值。如例 13-1 第 4 行在定义数组时即初始化。数组初始化有如下几种形式。

1. 全部元素初始化

（1）可以给数组全部元素赋初值。例如，`int x[5]={0,1,2,3,4};` 表示全部元素初始化。

（2）数组全部元素初始化时，可以省略元素个数。例如，`int x[ ]={0,1,2,3,4};` 表示全部元素初始化时元素个数可省略。

2. 部分元素初始化

可以只给部分元素初始化，但不能省略元素个数。例如，`int x[5]={0,1,2 };` 表示部分元素初始化。

3. 数组定义时没有初始化

（1）没有初始化时，各元素值为随机值（不确定值），数组定义时部分元素初始化，那么未初始化的部分默认为 0。例如，`int x[5]={3,4};` 表示 x[0]=3，x[1]=4，x[2]、x[3] 和 x[4] 都为 0。

（2）对数组元素全部初始化为 0，可以简写为 {0}。例如，`int a[5]={0};` 表示将数组 a 的 5 个元素都初始化为 0。

无论何种初始化形式，初始化后，要加分号表示结束。

提示

这种为数组每个元素整体赋值的形式，只能出现在定义数组时，在使用数组的过程中不能这样赋值，只能通过循环逐个为元素赋值。

13.4　一维数组的使用及举例

一般来说，程序中无法直接使用整个数组进行计算处理，而要逐个元素进行操作。数组元素可以像同类型的普通变量那样使用，对其进行各种运算的方法和普通变量完全相同。

一维数组元素的使用格式如下：

数组名 [下标]

方括号中的下标可以是常量、变量或表达式，表示这个元素在数组中的位置编号，从 0 开始到“元素个数 -1”结束。

提示

在定义数组时，方括号内为数组元素个数，只能使用常量或简单的常量表达式表示。而在使用数组时，方括号内为数组元素下标，可以使用常量、变量或表达式表示。

【例 13-2】 数组元素说明。

有一维数组定义如下：

```
int  a[10];
```

其中，a 是一维数组的数组名，该数组有 10 个元素，每个元素都是整型数据。一旦定义了数组，就会为该数组分配一串连续的存储单元。数组 a 的存储格式如图 13-4 所示。

a[0]	a[1]	a[2]	a[3]	a[4]	a[5]	a[6]	a[7]	a[8]	a[9]

图 13-4　数组 a 的存储格式

注 意

上述数组中没有a[10]元素，数组从下标0开始到下标9（10-1）结束。如果使用了a[10]元素，则会出现超出范围错误。

在程序中可以使用 a[0] ～ a[9] 中的任意一个元素，每个元素相当于一个变量使用。当对数组中的所有元素进行相同操作时（即整体操作），可以采用循环形式逐个对数组元素进行操作，而不能使用数组名。例如，可以进行如下操作：

```
for(i=0;i<=9;i++)
a[i]=5;              //数组a的所有元素均赋值为5
```

【例 13-3】 元素移动问题。

已知数组 a 包含 5 个整型元素：0、1、2、3 和 4。请编写一段程序，将数组 a 中的第一个元素移到数组末尾，其余数据依次向前移一个位置，如图 13-5 所示。

0 1 2 3 4 ⇨ 1 2 3 4 0

图 13-5　数组 a 中的 5 个整型元素

样例输入： 无

样例输出：

```
1 2 3 4 0
```

【数学分析】

注 意

包含N个元素的数组，其下标为0～N-1。

（1）把第一个元素的值取出放在一个临时单元 t 中。

（2）通过 a[1] → a[0], a[2] → a[1], a[3] → a[2]，…，a[N-1] → a[N-2]，实现其余元素前移。

（3）将 t 值送入 a[N-1]。

【算法描述】

（1）定义符号常量 N=5，定义整型数组 a[N] 并初始化；定义循环变量 i 和临时变量 t。

（2）输入无。

（3）t=a[0];

i 从 1 到 N-1 循环：a[i-1]=a[i] ;

a[N-1]=t。

（4）i 从 0 到 N-1 循环：输出数组元素 a[i]。

元素移动问题的程序实现如代码清单 13-2 所示。

代码清单 13-2

```
#include <iostream>
using namespace std;
int main(){
    const int N=5;
    int a[N]={0,1,2,3,4};
    int i,t;
    t=a[0];
    for(i=1;i<N;i++)
        a[i-1]=a[i];
     a[N-1]=t;
     for(i=0;i<N;i++)
         cout<<a[i]<<' ';
     return 0;
}
```

【例 13-4】 数组逆序。

输入 n 个数，要求程序按逆序把这 n 个数输出，如图 13-6 所示。已知输入不超过 100 个整数，按逆序输出这 n 个数。

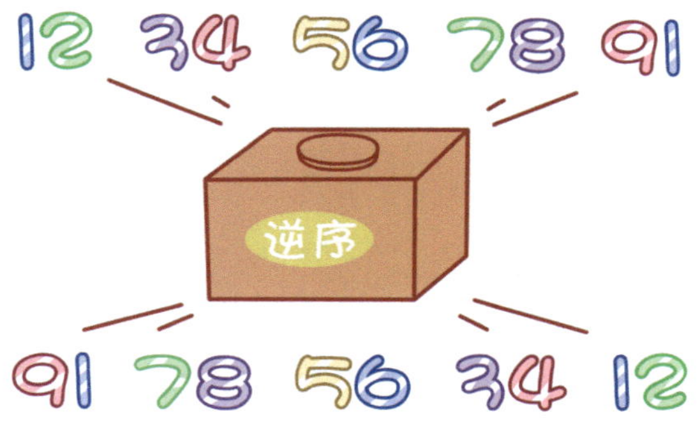

图 13-6　数组逆序

输入：两行，第一行，数据个数 n（n 不超过 100）；第二行 n 个整数。

输出：一行，n 个整数的逆序。

样例输入：

```
5
12 34 56 78 91
```

样例输出：

```
91 78 56 34 12
```

【数学分析】

本程序利用数组实现，先顺序输入，再逆序输出。通常，数组的输入 / 输出用 for 循环实现。

【算法描述】

（1）定义整型数组 data[100]、循环变量 i 以及数组元素个数 n。

（2）输入 n。

（3）i 从 0 到 n-1 循环：输入数组元素 data[i]。

（4）i 从 n-1 到 0 循环：输出数组元素 data[i]。

数组逆序问题的程序实现如代码清单 13-3 所示。

代码清单 13-3

```
#include <iostream>
using namespace std;
int main(){
    int data[100];
    int i,n;
    cin>>n;
    for(i=0;i<n;i++)
        cin>>data[i];
    for(i=n-1;i>=0;i--)
         cout<<data[i]<<' ';
     return 0;
}
```

本课主要介绍了以下内容。

（1）数组的概念：一维数组的数据类型。

（2）一维数组的定义：int a[5]。

（3）一维数组初始化：int a[5]={5,8,9,2,1}。

（4）一维数组的使用：上述数组元素包括 a[0] ～ a[4]。

练习13-1　阅读代码清单13-4，写结果。

代码清单 13-4

```
#include<iostream>
using namespace std;
int main(){
    int a[10],b[10],i;
    for(i=0;i<10;i++)
       cin>>a[i];
    for(i=0;i<9;i++)
       b[i]=a[i]+a[i+1];
    for(i=0;i<9;i++){
         if(i%3==0) cout<<endl;
         cout<<b[i]<<'\t';
     }
     return 0;
}
```

设输入为：

```
1 2 3 4 5 6 7 8 9 10<CR>
```

结果为________________。

练习13-2　阅读代码清单13-5，写结果。

代码清单 13-5

```
#include<iostream>
using namespace std;
int main(){
    int a[10]={1,2,2,3,4,3,4,5,1,5};
    int n=0,i,j,c,k;
    for(i=0;i<10-n;i++){
        c=a[i];
        for(j=i+1;j<10-n;j++)
            if(a[j]==c){
                for(k=j;k<10-n;k++)
                    a[k]=a[k+1];
                n++;
            }
```

```
    }
    for(i=0;i<(10-n);i++)
        cout<<a[i];
    return 0;
}
```

结果为________________。

练习 13-3　阅读代码清单 13-6，写结果。

代码清单 13-6

```
#include<iostream>
using namespace std;
int main(){
    int a[6]={7,4,8,9,1,5};
    int i,j,k,m;
    for(i=5;i>=0;i--){
        k=a[5];
        for(j=4;j>=0;j--)
            a[j+1]=a[j];
        a[0]=k;
        for(m=0;m<6;m++)
            cout<<a[m]<<"";
        cout<<endl;
    }
        return 0;
}
```

结果为________________。

练习 13-4　顺序调整。

已知 5 位同学的身高分别为 128cm、154cm、132cm、161cm 和 126cm。请编写一个程序找出最高和最矮的同学所在的位置，并把两人对调，然后输出调整后的 5 位同学身高。

输入：无。

输出：一行，5 个整数，即调整后的身高，整数之间用空格分隔。

样例输入： 无

样例输出：

```
128 154 132 126 161
```

练习 13-5　输出数列。

已知某数列的第 1 项、第 2 项分别为 0 和 1，以后每个奇数编号的项是前两项之和，偶数编号的项是前两项差的绝对值。请编写一段程序，输出该数列的前 10 项。

输入：无。

输出：一行，10 个整数，即数列的前 10 项，整数之间用逗号分隔。

样例输入： 无

样例输出：

```
0,1,1,0,1,1,2,1,3,2,
```

第 14 课　魔术工厂的库存：多维数组

卡路的舅舅在一家生产魔术道具的工厂上班。卡路特别喜欢魔术，总缠着舅舅要到厂里看看，舅舅拗不过卡路的软磨硬泡终于答应了。不过，舅舅还提出了一个问题，只有卡路答对了，才会带他去。问题是这样的：已知魔术道具厂有甲和乙两个仓库，存放着各种魔术道具，已知其中 3 种颜色的强磁戒指和魔术杯垫的库存量，请答出这家工厂里强磁戒指和魔术杯垫的总库存量是多少。

甲仓库中两种魔术道具的库存量如表 14-1 所示。

表 14-1　甲仓库中两种魔术道具的库存量

	红色 / 个	绿色 / 个	蓝色 / 个
强磁戒指	31	41	28
魔术杯垫	36	29	32

乙仓库中两种魔术道具的库存量如表 14-2 所示。

表 14-2　乙仓库中两种魔术道具的库存量

	红色 / 个	绿色 / 个	蓝色 / 个
强磁戒指	26	35	18
魔术杯垫	29	24	11

【例 14-1】 魔术工厂的库存。

输入：共4行，前两行每行3个整数，表示仓库甲的元素。后两行每行3个整数，表示仓库乙的元素。相邻两个整数之间用单个空格隔开，每个元素的值均在1和1000之间。

输出：共两行，每行3个整数，表示仓库甲、乙的总库存量。相邻两个整数之间用单个空格隔开。

样例输入：

```
31 41 28
36 29 32
26 35 18
29 24 11
```

样例输出：

```
57 76 46
65 53 43
```

【数学分析】

这个问题可以用矩阵来描述：一个 m 行 n 列的矩阵是由 $m \times n$ 个数 a_{ij} 排成的 m 行 n 列的数表。矩阵是高等数学中的常见工具，在电学、力学、光学、量子物理学和计算机科学中都有应用。

$$\boldsymbol{A}=\begin{pmatrix} a_{11} & a_{12}\cdots a_{1n} \\ a_{21} & a_{22}\cdots a_{2n} \\ a_{31} & a_{32}\cdots a_{3n} \\ \vdots & \vdots \quad \vdots \\ a_{m1} & a_{m2}\cdots a_{mn} \end{pmatrix}$$

甲仓库两种魔术道具的库存量用矩阵表示为 $\boldsymbol{A}=\begin{pmatrix} 31 & 41 & 28 \\ 36 & 29 & 32 \end{pmatrix}$

乙仓库两种魔术道具的库存量用矩阵表示为 $\boldsymbol{B}=\begin{pmatrix} 26 & 35 & 18 \\ 19 & 24 & 11 \end{pmatrix}$

该厂两种魔术道具的总库存量可以用矩阵表示为

$$\boldsymbol{A}+\boldsymbol{B}=\begin{pmatrix} 31+26 & 41+35 & 28+18 \\ 36+29 & 29+24 & 32+11 \end{pmatrix}=\begin{pmatrix} 57 & 76 & 46 \\ 65 & 53 & 43 \end{pmatrix}$$

【算法描述】

（1）定义二维数组 A[2][3] 和 B[2][3]，以及循环变量 i 和 j。

（2）从 0～1 循环 i：从 0～2 循环 j，输入 A[i][j]；从 0～1 循环 i：从 0～2 循环 j，输入 B[i][j]。

（3）从 0～1 循环 i：从 0～2 循环 j，输出 A[i][j]+B[i][j]。注意，输出时，注意输出格式。

（1）数组中每个元素的类型是否可以还是数组类型？

（2）什么是多维数组？

（3）多维数组如何定义、初始化和使用？

魔术工厂的库存问题的程序实现如代码清单 14-1 所示。

代码清单 14-1

```
#include <iostream>
using namespace std;
int main() {
     int A[2][3],B[2][3];
     int i,j;
     for(i=0;i<2;i++)
        for(j=0;j<3;j++)
            cin>>A[i][j];
     for(i=0;i<2;i++)
         for(j=0;j<3;j++)
             cin>>B[i][j];
      for(i=0;i<2;i++){
         for(j=0;j<3;j++)
             cout<<A[i][j]+B[i][j]<<" ";
         cout<<endl;
      }
      return 0;
}
```

14.1　多维数组的定义（以二维数组为例）

当一维数组元素的类型也是一维数组时，便构成了“数组的数组”，即二维数组。例 14-1 就是二维数组的应用。

例 14-1 中的第 4 行定义了两个二维数组 A 和 B，如图 14-1 所示。

```
4.      int A[2][3],B[2][3];
```

图 14-1　二维数组 A 和 B 的定义

二维数组定义的一般格式为

数据类型 数组名 [常量表为达式 1] [常量表达式 2] ;

二维数组定义的规则与一维数组一样。

例 14-1 中 A 是二维数组，它的第一个方括号是 2 表示 2 行，第二个方括号是 3 表示 3 列，这个二维数组实质上是一个具有 2 行 3 列的表格，表格中可存储 2 × 3=6 个元素。第 1 行第 1 列元素对应数组的 A[0][0]，第 2 行第 3 列对应数组元素 A[1][2]。B 数组也是如此。

如果定义的数组有多个方括号，我们称之为多维数组。方括号的个数可以有多个，如定义一个三维数组 a 和四维数组 b 的形式为：

```
int a[100][3][5];
int b[100][100][3][5];
```

14.2　多维数组的初始化

二维数组也可以像一维数组那样进行初始化。

1. 初始化全部元素

当初始化全部元素时，可以将每一行分开来写在各自的大括号里，也可以把所有数据写在一个大括号里，例如：

```
int d1[4][2]={{1, 2}, {3, 4}, {5, 6}, {7, 8} };
int d2[4][2]={1, 2, 3, 4, 5, 6, 7, 8} ;
```

初始化 d1 数组时，外层大括号内的每一个大括号表示每一行元素赋值，如表 14-3 所示。

表 14-3　d1 数组全部元素初始化赋值

{1，2}：	d1[0][0]=1	d1[0][1]=2
{3，4}：	d1[1][0]=3	d1[1][1]=4
{5，6}：	d1[2][0]=5	d1[2][1]=6
{7，8}：	d1[3][0]=7	d1[3][1]=8

d2 数组初始化时，大括号中的值按先列后行顺序赋值，即按 [0][0], [0][1], [1][0], [1][1], …, [3][0], [3][1] 顺序赋值，如表 14-4 所示。

表 14-4　d2 数组全部元素初始化赋值

d[0][0]=1	d[0][1]=2
d[1][0]=3	d[1][1]=4
d[2][0]=5	d[2][1]=6
d[3][0]=7	d[3][1]=8

由此可见，当全部元素初始化时，d1 和 d2 的结果是一样的。当全部元素初始化时，可以省略第一个方括号中的行数，不能省略第二个方括号中的列数。例如：

```
int d1[][2]={{1,0},{0,1},{-1,0},{0,-1}};
int d2[][2]={1,0,0,1,-1,0,0,-1} ;
```

2. 部分元素初始化

可以对二维数组进行部分元素初始化，则未初始化元素初值默认为 0，例如：

```
int d1[4][2]={{1},{2},{3},{4}};
int d2[4][2]={1,2,3,4 } ;
```

数组 d1 和 d2 初始化含义是不同的。

d1 数组初始化时，外层大括号内的每一个大括号表示每一行元素赋值，所以值会赋给每一行的对应元素如表 14-5 所示。

表 14-5　d1 数组部分元素初始化赋值

d1[0][0]=1	d1[0][1]=0
d1[1][0]=2	d1[1][1]=0
d1[2][0]=3	d1[2][1]=0
d1[3][0]=4	d1[3][1]=0

d2 数组初始化时，大括号中的值按先列后行顺序赋值，如表 14-6 所示。

表 14-6　d2 数组部分元素初始化赋值

d2[0][0]=1	d2[0][1]=2
d2[1][0]=3	d2[1][1]=4
d2[2][0]=0	d2[2][1]=0
d2[3][0]=0	d2[3][1]=0

由此可见，当部分元素初始化时，d1 和 d2 的结果是不同的。当部分元素初始化时，d1 数组的形式可以省略第一个方括号中的行数，不能省略第二个方括号中的列数。d2 数组的形式行、列数都不能省略，例如：

```
int d1[ ][2]={{1},{2},{3},{4}};
```

无论何种形式的初始化，初始化后要加分号表示结束。

14.3　多维数组的使用（以二维数组为例）

二维数组在使用中也是按元素逐个使用，使用时必须给出行、列两个下标。

引用的格式为

数组名 [下标 1][下标 2]

【例 14-2】 二维数组使用说明。

设有定义：

```
int a[3][5];
```

则表示 a 是二维数组（相当于一个 3 × 5 的表格），共有 3 × 5=15 个元素，它们是：

```
a[0][0] a[0][1] a[0][2] a[0][3] a[0][4]
a[1][0] a[1][1] a[1][2] a[1][3] a[1][4]
a[2][0] a[2][1] a[2][2] a[2][3] a[2][4]
```

因此，可以将其看作一个矩阵（表格），a[0][0] 表示第 1 行第 1 列元素，即数组的第一个元素；a[2][4] 表示第 3 行第 5 列的元素，即数组的最后一个元素。

每一个数组元素可以作为变量使用。

【例 14-3】 矩阵转置问题。

$$\begin{pmatrix} a & b \\ c & d \\ e & f \end{pmatrix}^{\mathrm{T}} = \begin{pmatrix} a & c & e \\ b & d & f \end{pmatrix}$$

矩阵转置是矩阵的一种基本操作。设 $\boldsymbol{A}$ 为 $m \times n$ 阶矩阵（即 m 行 n 列），第 i 行 j 列的元素是 $a(i,j)$，即 $\boldsymbol{A}= a(i,j)$。

定义 $\boldsymbol{A}$ 的转置为这样一个 $n \times m$ 阶矩阵 $\boldsymbol{B}$，满足 $\boldsymbol{B}=b(j,i)$，即 $b(j,i)= a(i,j)$（$\boldsymbol{B}$ 的第 i 行第 j 列元素是 $\boldsymbol{A}$ 的第 j 行第 i 列元素），记为 $\boldsymbol{A}^{\mathrm{T}}=\boldsymbol{B}$。

请编写一段程序，输入一个 $m \times n$ 矩阵 $\boldsymbol{A}$ 的元素，输出其转置矩阵 $\boldsymbol{B}$。

输入：共 m+1 行，第一行包含两个整数 m 和 n，即矩阵的行数和列数。

$m \geqslant 1$，$n \leqslant 100$。接下来 m 行，每行 n 个整数，即矩阵的 m 行元素。相邻两个整数之间用空格隔开。

输出：共 n 行，每行 m 个整数，为转置后的矩阵元素。相邻两个整数用空格隔开。

样例输入：

```
3 2
1 2
3 4
5 6
```

样例输出：

```
1 3 5
2 4 6
```

【数学分析】

根据矩阵转置定义，可知转置的基本操作为 $b(j,i) = a(i,j)$，如图 14-2 所示。

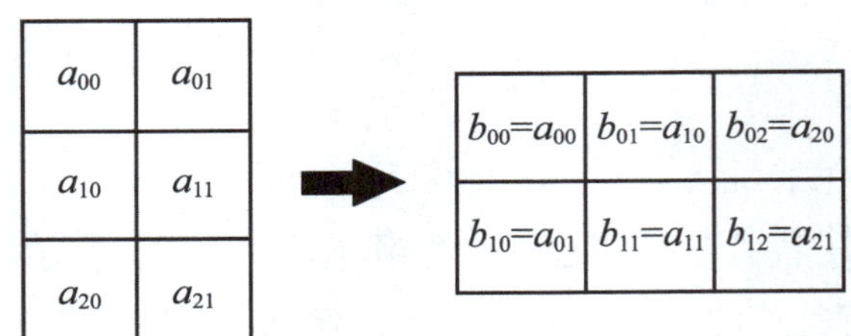

图 14-2　转置操作

【算法描述】

（1）定义足够大的二维数组 a 和 b，定义行、列数变量 m 和 n，定义循环变量 i 和 j。

（2）输入 a 数组的行数 m 和列数 n；从 0～m-1 循环 i：从 0～n-1 循环 j：输入 a 数组。

（3）按照转置关系，将 a 数组元素赋值给 b 数组；

（4）从 0～n-1 循环 i：从 0～m-1 循环 j：输出 b 数组。

矩阵转置问题的程序实现如代码清单 14-2 所示。

代码清单 14-2

```cpp
#include <iostream>
using namespace std;
int main() {
```

```
    const int MAX=100;
    int a[MAX][MAX],b[MAX][MAX];
    int i,j,m,n;
    cin>>m>>n;
    for(i=0;i<m;i++)
       for(j=0;j<n;j++)
            cin>>a[i][j];
     for(i=0;i<n;i++)
        for(j=0;j<m;j++)
             b[i][j]=a[j][i];
     for(i=0;i<n;i++){
        for(j=0;j<m;j++)
            cout<<b[i][j]<<" ";
        cout<<endl;
     }
     return 0;
}
```

本课主要介绍如下内容。

（1）二维数组的定义。

（2）二维数组元素的初始化。

（3）二维数组的使用举例。

练习14-1　阅读代码清单14-3，写结果。

代码清单 14-3

```
#include<iostream>
using namespace std;
int main(){
    int a[3][3]={1,3,5,7,9,11,13,15,17};
    int sum=0;
    for(int i=0;i<3;i++)
        for(int j=0;j<3;j++)
            if(i==j)sum+=a[i][j];
    cout<<"sum="<<sum<<endl;
    return 0;
}
```

结果为______________。

练习 14-2　阅读代码清单 14-4，写结果。

代码清单 14-4

```
#include<iostream>
using namespace std;
int main(){
    int a[3][3]={{1,2,3},{9,8,7},{-1,-2,5}};
    int row,col,min=a[0][0];
    for(int i=0;i<3;i++)
        for(int j=0;j<3;j++)
            if(a[i][j]<min){
                min=a[i][j];row=i;col=j;
            }
    cout<<"min="<<min<<",row="<<row<<",col="<<col<<endl;
    return 0;
}
```

结果为______________。

练习 14-3　阅读代码清单 14-5，写结果。

代码清单 14-5

```
#include<iostream>
using namespace std;
int main(){
    int a[2][3]={4,5,6,1,2,3};
    int b[2][3];
    for(int i=0;i<2;i++){
        for(int j=0;j<=2;j++){
            cout<<a[i][j]<<" ";
            b[i][j+1]=a[i][j];
        }
        cout<<endl;
    }
    for(int i=0;i<2;i++)
    b[i][0]=a[i][2];
    for(int i=0;i<2;i++){
      for(int j=0;j<3;j++)
         cout<<b[i][j]<<" ";
      cout<<endl;
    }
```

```
    return 0;
}
```

结果为＿＿＿＿＿＿＿＿。

练习 14-4　对角线元素求和。

n 行 n 列的矩阵叫作 n 阶方阵。n 阶方阵具有两条对角线——主对角线和次对角线，如图 14-3 所示。请编写一个程序，输入一个 n 阶方阵 $\boldsymbol{A}$ 的元素，分别求两条对角线上的元素之和。

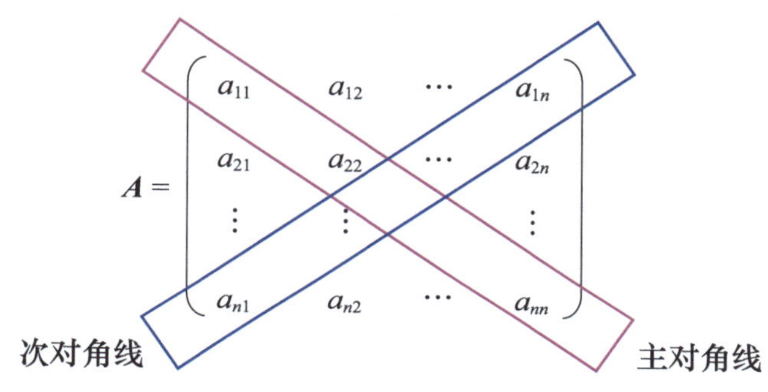

图 14-3　n 阶方阵

输入：共 $n+1$ 行，第 1 行一个整数，即矩阵的阶数（$2 \leqslant n \leqslant 10$）；从第 2 行开始，每行 n 个小于 100 的非负整数，即 n 阶方阵各个元素，各整数用空格分隔。

输出：共 1 行，两个整数，即主对角线元素之和与次对角线的元素之和，用空格分隔。

样例输入：

```
3
1 2 3
4 5 6
7 8 9
```

样例输出：

```
15 15
```

练习 14-5　螺旋方阵。

所谓螺旋方阵，是指对任意给定的 n，将 1 到 $n \times n$ 的数字从左上角第 1 个格子开始，按顺时针螺旋方向顺序填入 $n \times n$ 的方阵里。图 14-4 所示为一个 5 阶螺旋方阵。请编写一段程序，输入阶数 n，构造一个螺旋方阵。

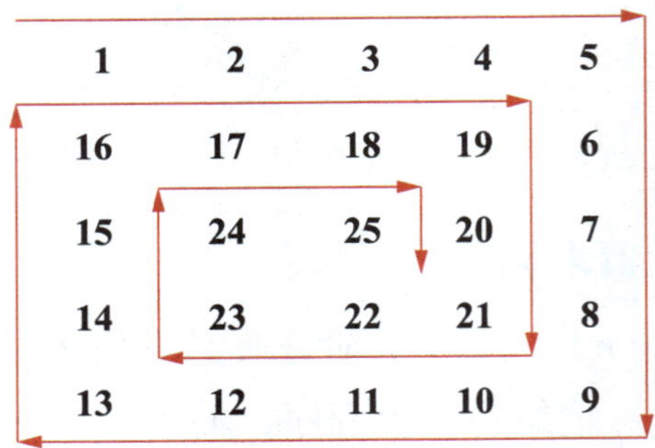

图 14-4　螺旋方阵

输入：共 1 行，一个整数 n，即方阵的阶数（$2 \leqslant n \leqslant 10$）。

输出：共 n 行，每行 n 个整数，即 $n \times n$ 的螺旋方阵。

样例输入：

```
5
```

样例输出：

```
1    2    3    4    5
16   17   18   19   6
15   24   25   20   7
14   23   22   21   8
13   12   11   10   9
```

第 15 课　卡路的历练 4：数组举例

学习了一维数组和多维数组的知识后，卡路决定多做些练习，巩固学过的知识。

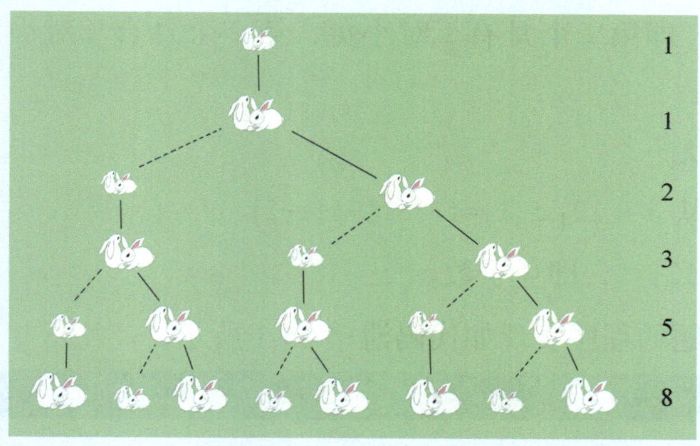

路西特别喜欢小动物，于是科迪给她出了一道经典的程序设计题。设有一对新生的兔子，从第 3 个月开始，它们每个月都生一对兔子，新生的兔子从第 3 个月开始又每个月生一对兔子。以此规律继续，并假定兔子没有死亡，那么第 12 个月时共有多少只兔子？

【例 15-1】 兔子繁殖问题。

输入：无。

输出：一个整数，即第 12 个月时共有的兔子数。

样例输入：无

样例输出：

288

提示

题目问的是有多少只兔子，而题设中给的是一对小兔（小兔对数），所以结果要乘以 2。

【数学分析】

这是著名的斐波那契序列（Fibonacci sequence），又称黄金分割数列。因数学家莱奥纳尔多•斐波那契（Leonardo Fibonacci）以兔子繁殖为例子而引入，故又称为“兔子数列”，指的是这样一个数列：1, 1, 2, 3, 5, 8, 13, 21, 34, …。在数学上，斐波那契序列以如下方法定义：$F(1)=1, F(2)=1, F(n)=F(n-1)+F(n-2)$（$n \geqslant 2$，$n \in \mathbf{N}^*$）。在现代物理、化学等领域，斐波那契序列都有直接的应用。

【算法描述】

（1）为了与我们的生活习惯匹配，定义数组 f[13]，舍弃 f[0] 不用，初始化 f[1]=1，f[2]=1，即第 1 个月有 1 对小兔，第 2 个月有 1 对小兔；定义循环变量 i。

（2）输入：无。

（3）循环 i 从 3～12：f[i]=f[i-1]+f[i-2]。

（4）输出 f[12]*2，即兔子数。

兔子繁殖问题的程序实现如代码清单 15-1 所示。

代码清单 15-1

```
#include <iostream>
using namespace std;
int main(){
    int f[13]={0,1,1};
    int i;
    for(i=3;i<=12;i++){
        f[i]=f[i-1]+f[i-2] ;
     }
        cout<<f[12]*2<<endl;
        return 0;
}
```

【例 15-2】 数据排序。

数据排序是最常用的程序算法之一。排序分为升序和降序，升序是指从小到大排列，降序是指从大到小排列。请编写一段程序，输入 5 个整数，按升序排列后输出，再按降序排序输出。

样例输入：

```
7 6 8 4 5
```

样例输出：

```
4 5 6 7 8
8 7 6 5 4
```

【数学分析】

排序的方法很多，如选择排序、冒泡排序等。也可以直接调用标准模板库（Standard Template Library, STL）中的 sort() 算法和 reverse() 算法来完成数据的排序。STL 是 C++ 中的一个功能库，包含许多特殊的数据类型和功能。使用 sort() 和 reverse() 时必须在程序开头包含 algorithm 头文件。格式如下：

```
#include<algorithm>
using namespace std;
```

sort() 和 reverse() 可以对全部元素操作，也可以对部分元素操作，介绍如下。

1. 数组全部元素排序

sort() 对数组全部元素进行升序排列的格式为

sort（数组名，数组名 +（最后元素下标 +1））;

reverse() 对数组全部进行翻转操作的格式为

reverse（数组名，数组名 +（最后元素下标 +1））;

所谓翻转，就是将数组元素全部颠倒的过程。sort() 只能对数组进行升序排列，不能进行降序排列，sort() 和 reverse() 连用表示数组先排序再翻转，即实现数组的降序排列功能。排序函数使用举例如代码清单 15-2 所示。

代码清单 15-2

```
#include <algorithm>
#include<iostream>
using namespace std;
int main(){
    int a[5]={6,2,4,9,5};
    int i;
    sort(a,a+5);//{2,4,5,6,9}
    resverse(a,a+5);//{9,6,5,4,2}
    for(i=0;i<5;i++)
```

```
            cout<<a[i]<<" ";
        cout<<endl;
        return 0;
}
```

2. 数组部分元素排序

sort() 对数组部分元素进行升序排列的格式为

sort（数组名 + 起始元素下标，数组名 + 终止元素下标 +1）;

reverse() 对数组部分进行翻转操作的格式为

reverse（数组名 + 起始元素下标，数组名 + 终止元素下标 +1）;

例如，仅对 a[2] ～ a[4] 排序的程序如代码清单 15-3 所示。

代码清单 15-3

```
#include <algorithm>
#include<iostream>
using namespace std;
int main(){
    int a[5]={6,2,4,9,5};
    int i;
    sort(a+2,a+5);//{6,2,4,5,9}
    resverse(a+2,a+5);//{6,2,9,5,4}
    for(i=0;i<5;i++)
        cout<<a[i]<<" ";
     cout<<endl;
     return 0;
}
```

【算法描述】

（1）定义整数序列数组 f[5]。

（2）循环输入 5 个整数存入 f 数组。

（3）调用 sort() 升序排列数组，并循环输出显示；调用 reverse() 翻转数组变为降序，并循环输出显示。

（4）输出包含在（3）中。

数据排序问题的程序实现如代码清单 15-4 所示。

代码清单 15-4

```
#include <algorithm>
#include <vector>
```

```
#include <iostream>
using namespace std;
int main(){
    int f[5];
    for(int i=0;i<5;i++)
    cin>>f[i];
    sort(f,f+5);
    for(int i=0;i<5;i++){
    cout<<f[i]<<" ";
    }
    cout<<endl;
    reverse(f,f+5);
    for(int i=0;i<5;i++){
    cout<<f[i]<<" ";
    }
    return 0;
}
```

卡路痴迷于程序设计，每天放学回到家都要抽出时间编程，非常勤奋，如图 15-1 所示。但是从周一到周日他每天还要写作业和温习功课，所以每天编程的时长都不同。请编写一段程序，帮助卡路统计一下，一周里他哪天编程时间最长，哪天编程时间最短。

图 15-1　勤奋的卡路

【例 15-3】 勤奋的卡路。

输入：共一行，7 个小于 5 的非负实数，即每天编程的时长（单位：h），用空格隔开。

输出：共一行，包含两个 1 和 7 之间的整数，即编程时间最长和最短的日期，用空格隔开。

样例输入：

```
1.2 2.2 1.5 2.4 1.8 4.2 3.8
```

样例输出：

```
6 1
```

【数学分析】

本题本质上就是求数组元素中的最大值和最小值问题，可以有多种解法。下面列举常用的两种方法。

方法一：直接求解法。

求数组最大值，可以先假定周一编程时长是最大值，并记录数组下标，然后与周二到周日的编程时长比较，如果某天的时长大于最大值，就让最大值存储该时长并记录数组下标。这样一轮循环就找到了最大值，求最小值过程也是如此。

具体过程如图 15-2 所示。

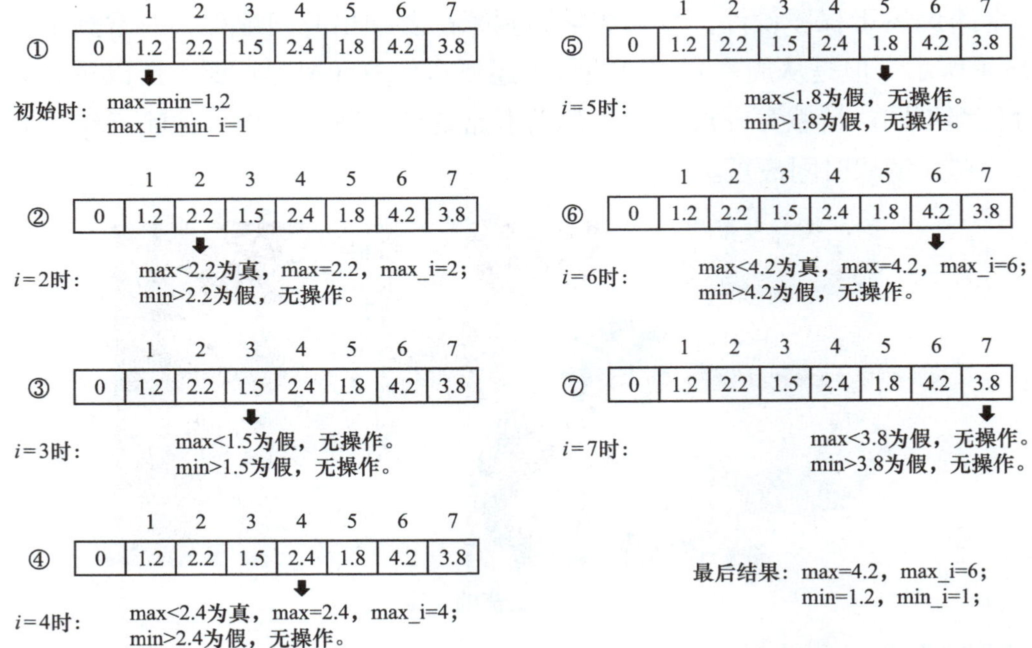

图 15-2　求最值的直接求解过程

数组下标从 0 开始，为了与现实一致，使用数组中的 [1] ~ [7] 来表示周一到周日，元素 [0] 不用。

方法二：调用 STL 算法求解法

在 STL 中有求最大元素地址算法 `max_element()` 和求最小元素地址算法

min_element()。使用这些算法需要包含 algorithm 头文件，格式如下：

```
#include<algorithm>
using namespace std;
```

max_element() 和 min_element() 可以对全部数组元素操作，也可以对部分元素操作，分别介绍如下。

1. 全部数组元素操作

（1）求元素值。

求全部数组元素中最大元素值的格式为

*max_element(数组名, 数组名+最后元素下标+1);

求全部数组元素中最小元素值的格式为

*min_element(数组名, 数组名+最后元素下标+1);

说明：星号“*”作为单目运算时表示取内容运算，即取指定地址中的数据。max_element() 算法用于取最大元素的地址，“*”和 max_element() 必须连用才能取最大元素值。同理，“*”和 min_element() 连用表示取最小元素值，如代码清单 15-5 所示。

代码清单 15-5

```
#include <algorithm>
#include<iostream>
using namespace std;
int main(){
    int a[5]={6,2,4,9,5};
    cout<<*max_element(a,a+5)<<endl;     //9
    cout<<*min_element(a,a+5)<<endl;     //2
    return 0;
}
```

（2）求元素下标。

求全部数组元素中最大元素下标的格式为

max_element(数组名 , 数组名 + 最后元素下标 +1)- 数组名 ;

求全部数组元素中最小元素下标的格式为

min_element(数组名 , 数组名 + 最后元素下标 +1)- 数组名 ;

说明：max_element() 算法用于取最大元素的地址，数组名为数组的起始地址，二者相减即可得到最大元素的下标。同理，最小元素下标求法也是如此，数组下标从 0 开始，如代码清单 15-6 所示。

代码清单 15-6

```
#include <algorithm>
#include<iostream>
using namespace std;
int main(){
    int a[5]={6,2,4,9,5};
    cout<<max_element(a,a+5)-a<<endl;     //3
    cout<<min_element(a,a+5)-a<<endl;     //1
    return 0;
}
```

2. 部分元素操作

（1）求元素值。

求数组部分元素中最大元素值的格式为

*max_element(数组名 + 起始下标 , 数组名 + 终止下标 +1);

求全部数组元素中最小元素值的格式为

*min_element(数组名 + 起始下标 , 数组名 + 终止下标 +1);

求部分元素最值的示例如代码清单 15-7 所示。

代码清单 15-7

```
#include <algorithm>
#include<iostream>
using namespace std;
int main(){
    int a[5]={6,2,4,9,5};
    cout<<*max_element(a+3,a+5)<<endl;     //{9,5}中最大值
    cout<<*min_element(a+1,a+4)<<endl;     //{2,4,9}中最小值
    return 0;
}
```

（2）求元素下标。

求数组部分元素中最大元素值的格式为

max_element(数组名 + 起始下标 , 数组名 + 终止下标 +1)- 数组名 ;

求全部数组元素中最小元素值的格式为

min_element(数组名 + 起始下标 , 数组名 + 终止下标 +1)- 数组名 ;

求部分元素最值下标的示例如代码清单 15-8 所示。

代码清单 15-8

```
#include <algorithm>
#include<iostream>
using namespace std;
int main(){
    int a[5]={6,2,4,9,5};
    cout<<max_element(a+3,a+5)-a<<endl;//3
    cout<<min_element(a+1,a+4)-a<<endl;//1
    return 0;
}
```

【算法描述】

方法一：直接求解法

（1）定义双精度类型变量包括每天时间数组 t[8]、最大值 max 和最小值 min；定义整型循环变量 i、最大值下标变量 max_i 和最小值下标变量 min_i。

（2）循环 i 为 1～7：输入每天花费的时间数 t[i]。

（3）初始最大值、最大值下标、最小值和最小值下标，max=min=t[1];max_i=min_i=1。

循环 i 为 2～7：如果 max 小于 t[i]，那么 max=t[i]，max_i=i；如果 min 大于 t[i]，那么 min=t[i]，min_i=i。

（4）输出日期，即最大值和最小值的下标 max_i 和 min_i。

方法一： 直接求解法，如代码清单 15-9 所示。

代码清单 15-9

```
#include <iostream>
using namespace std;
int main(){
    double max,min,t[8]={0};
    int max_i,min_i,i;
    for(i=1;i<8;i++)
        cin>>t[i];
    max=min=t[1];
    max_i=min_i=1;
    for(i=1;i<8;i++){
        if(max<t[i]){
            max=t[i];max_i=i;
        }
```

```
        if(min>t[i]){
            min=t[i];min_i=i;
        }
    }
    cout<<max_i<<" "<<min_i<<endl;
    return 0;
}
```

方法二：系统函数调用法，如代码清单 15-10 所示。

代码清单 15-10

```
#include <algorithm>
#include <iostream>
using namespace std;
int main(){
    double max,min,t[8]={0};
    int max_i,min_i,i;
    for(i=1;i<8;i++)
        cin>>t[i];
    cout<<max_element(t+1,t+8)-t<<" ";
    cout<<min_element(t+1,t+8)-t<<endl;
    return 0;
}
```

【例 15-4】 铺地毯问题（NOIP 2011 提高组题复赛第 1 题）。

为了准备一场独特的颁奖典礼（见图 15-3），组织者在会场的一片矩形区域（可看作平面直角坐标系的第一象限）铺上一些矩形地毯。地毯共有 n 张，编号从 1 到 n。现在将这些地毯按照编号从小到大的顺序平行于坐标轴先后铺设，后铺的地毯覆盖在前面已经铺好的地毯之上。地毯铺设完成后，组织者想知道覆盖地面某个点的最上面的那张地毯的编号。注意：在矩形地毯边界和 4 个顶点上的点也算被地毯覆盖。

图 15-3 颁奖典礼会场

输入输出样例如图 15-4 所示：1 号地毯用实线表示，2 号地毯用虚线表示，3 号用双实线表示，覆盖点 (2, 2) 的最上面一张地毯是 3 号地毯。

输入：共 $n+2$ 行，第一行，一个整数 n，表示总共有 n 张地毯。

接下来的 n 行中，第 $i+1$ 行表示编号 i 的地毯的信息，包含 4 个正整数 a、b、g 和 k，每两个整数之间用一个空格隔开，分别表示铺设地毯的左下角的坐标 (a, b) 以及地毯在 x 轴和 y 轴方向的长度，如图 15-5 所示。

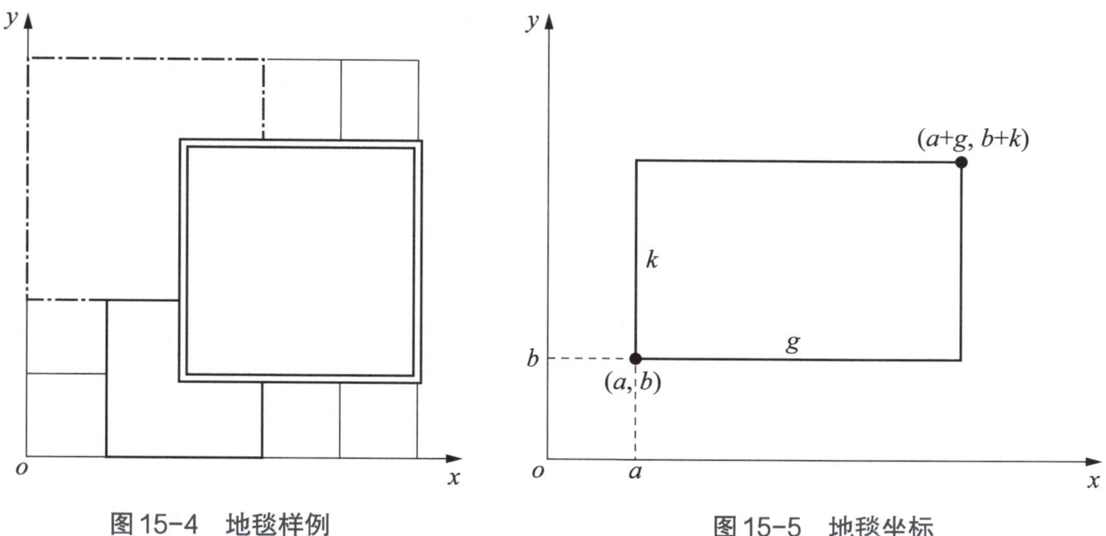

图 15-4　地毯样例　　图 15-5　地毯坐标

第 $n+2$ 行包含两个正整数 x 和 y，表示所求的地面的点的坐标 (x, y)。

输出：共 1 行，一个整数，表示所求的地毯的编号；若该点没有被地毯覆盖，则输出 -1。

样例输入 1：

```
3
1 0 2 3
0 2 3 3
2 1 3 3
2 2
```

样例输出 1：

```
3
```

样例输入 2：

```
3
1 0 2 3
0 2 3 3
```

```
2 1 3 3
4 5
```

样例输出 2：

```
-1
```

【数学分析】

可以定义一个二维数组 rectangle[N][4]，第一维存放地毯编号（个数），第二维固定为 4，存放地毯左下角和右上角的坐标，如图 15-6 所示。

rectangle[i][0] 和 rectangle[i][1] 表示左下角的 x 和 y 是直接输入的 a、b；rectangle[i][2] 表示右上角 x = 左下角 x + 输入的 x 轴长度 g；rectangle[i][0] 表示右上角 y = 左下角 y + 输入的 y 轴长度 k；

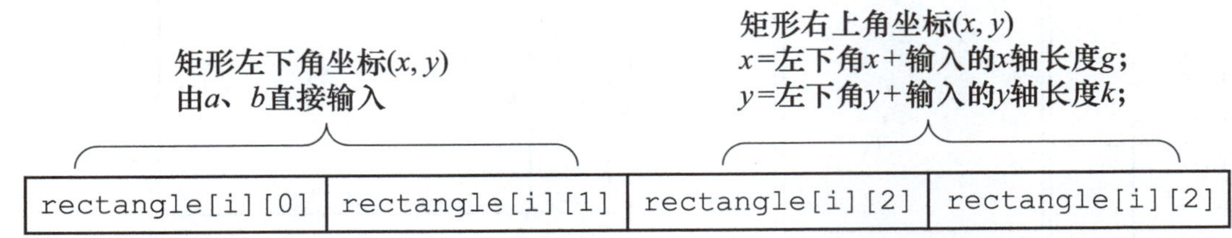

图 15-6　数组第二维的内容

最后一行读入 x、y，倒序循环判断 x 是否在 rectangle[i][0]、rectangle[i][2]（rectangle[i][0] 为 x 轴左边界，rectangle[i][2] 为 x 轴右边界）之内；同理判断 y 是否在 rectangle[i][1]、rectangle[i][3] 之内，如果都为真，则输出 i（因为倒序循环，所以 i 即为最上层地毯编号），并结束程序。

循环后，如果没有结束程序，说明不在范围内，则输出 -1。

【算法描述】

（1）定义符号常量，足够大数组长度 N=10005；定义矩形坐标二维数组 rectangle[N][4]，其中第一维表示地毯编号，第二维表示左下和右上角坐标；定义地毯数量变量 n，指定坐标变量 x，y，循环变量 i。

（2）输入地毯数量 n：循环 i 为 1 ～ n。输入矩阵左下角坐标（a，b）和 x 轴长度 g 和 y 轴长度 k，计算并存入 rectangle[i][4]；输入指定坐标（x，y）。

（3）循环 i 为 n ～ 1：（倒序循环）如果 x 在 rectangle[i][0] 和 rectangle[i][2] 范围内并且 y 在 rectangle[i][1] 和 rectangle[i][3] 范围内，那么输出 i，结束程序。

（4）输出 -1（此时没有结束程序，说明没找到）。

铺地毯问题的程序实现如代码清单 15-11 所示。

代码清单 15-11

```
#include<iostream>
using namespace std;
int main(){
    const int N=10005;
    int n,x,y,i;
    int rectangle[N][4];
    cin>>n;
    for(i=1;i<=n;i++){
        cin>>rectangle[i][0];
        cin>>rectangle[i][1];
        cin>>rectangle[i][2];
        rectangle[i][2]+=rectangle[i][0];
        cin>>rectangle[i][3];
        rectangle[i][3]+=rectangle[i][1];
    }
    cin>>x>>y;
    for(i=n;i>=1;i--)
    if(rectangle[i][0]<=x&&rectangle[i][2]>=x&&rectangle[i][1]<=y&&rectangle[i][3]>=y){
        cout<<i;
        return 0;
    }
    cout<<"-1";
    return 0;
}
```

本课主要介绍了以下内容。

（1）兔子繁殖问题。

（2）排序问题。

（3）勤奋的卡路（求最值问题）。

（4）铺地毯问题。

练习 15-1　阅读代码清单 15-12，写结果。

代码清单 15-12

```
#include<iostream>
using namespace std;
int main(){
    int a[8]={25,57,48,37,12,92,86,33};
    int i,x;
    cin>>x;
    for(i=0;i<8;i++)
       if(x==a[i]){
           cout<<"index is："<<i;
         break;
         }
      if(i==8)cout<<"Can't found!";
      return 0;
}
```

设输入如下：

```
86<CR>
```

则输出结果为＿＿＿＿＿＿＿＿＿＿。

提示

本程序用“顺序查找法”查找数组中是否存在某一关键字。顺序查找法的思路是从数组的第一个元素开始，从前向后依次与待查元素比较，直到找到此元素或查找到数组尾部时结束（未找到）。

练习 15-2　阅读代码清单 15-13，写结果。

代码清单 15-13

```
#include<iostream>
using namespace std;
int main(){
    int a[5]={4,7,2,5,1};
    int i,j,m;
    for(i=1;i<5;i++){
         m=a[i];
         j=i-1;
```

```
        while(j>=0&&m>a[j]){
            a[j+1]=a[j];
            j--;
        }
        a[j+1]=m;
    }
    for(i=0;i<5;i++)
        cout<<a[i]<<" ";
    return 0;
}
```

结果为________________。

提示

本程序为插入排序应用。

练习15-3　阅读代码清单15-14，写结果。

代码清单 15-14

```
#include<iostream>
using namespace std;
int main(){
    int a[3]={5,9,19};
    int b[5]={12,24,26,37,48};
    int c[10];
    int i=0,j=0,k=0;
    while(i<3&&j<5){
        if(a[i]>b[j])
            {c[k]=b[j];k++;j++;}
        else
            {c[k]=a[i];k++;i++;}
    }
    while(j<5)
    {c[k]=b[j];k++;j++;}
    while(i<3)
    {c[k]=a[i];k++;i++;}
    for(i=0;i<k;i++)
        cout<<c[i]<<" ";
    return 0;
}
```

结果为________________。

提示

本程序是对两个有序数列进行两路归并排序。

练习 15-4　数组的计算。

请编写一个程序，输入 n 个元素的数组，按顺序每 5 个数计算一个平均值并输出。

输入：共 2 行，第 1 行 1 个整数，即数组元素个数；第 2 行 n 个整数，即 n 个数组元素，各整数用空格分隔。

输出：共 1 行，$n-4$（$n-5+1$）个实数，即按顺序每 5 个数计算的平均值，各数据按空格分隔。

样例输入：

```
10
1 2 3 4 5 6 7 8 9 10
```

样例输出：

```
3 4 5 6 7 8
```

练习 15-5　塔形方阵。

以 n 为中心的塔形方阵是指一种特殊的方阵，n 只在它中心出现一次，四周位置上的数字从中心逐渐减少直到 1，塔形方阵的行数和列数是 $2n-1$。$n=3$ 的塔形方阵如图 15-7 所示。

1	1	1	1	1
1	2	2	2	1
1	2	3	2	1
1	2	2	2	1
1	1	1	1	1

图 15-7　塔形方阵

请编写一个程序，输入一个自然数 n（$1 \leqslant n \leqslant 9$），构建以 n 为中心的塔形方阵。

输入：共 1 行，一个整数 n（$1 \leqslant n \leqslant 9$）。

输出：一个 $2n-1$ 阶的方阵。

样例输入：

```
3
```

样例输出：

```
1 1 1 1 1
1 2 2 2 1
1 2 3 2 1
1 2 2 2 1
1 1 1 1 1
```

第 16 课　有趣的回文：字符数组与字符串

一天，卡路在读书的时候发现了一种有趣的句式，“雾锁山头山锁雾。正反读都一样啊！”他赶忙跑去找科迪，告诉他这个重大的发现。科迪听后不以为然地说道：“这有什么大惊小怪的，不就是回文吗？”“回文？回文是什么？”卡路见科迪连这个都知道，对科迪佩服得简直五体投地，好奇地追问道。科迪看到卡路佩服自己的眼神不禁有些得意，清了清喉咙，继续说道：“回文，也叫回环，是指数或者字符串具有首尾回环性质，从后向前按位颠倒后与原文一样，也就是说，顺读和倒读都一样的，像这种句子还有很多，上海自来水来自海上，山西运煤车煤运西山……”这么幽默的句子逗得卡路哈哈直笑。看到卡路捧腹大笑的样子，科迪灵机一动，给卡路出了道编程题：“编写一段程序，输入一串字符，输出该字符串是否是回文”。

【例 16-1】 有趣的回文。

输入：一行字符串（字符串中没有空白字符，以“.”结束，字符串长度不超过 100）。

输出：如果字符串是回文，输出 Yes；否则，输出 No。

样例输入：

```
abcdedcba.
```

样例输出：

```
Yes
```

【数学分析】

可设一个足够长度的字符数组 str，存放字串。设置 *i*、*j* 为下标，分别标记字串的第一个字符，和除“.”外的最后一个字符。

当以 *i*、*j* 为下标的字符相等且 *i* 在 *j* 前或 *i*、*j* 指向同一元素（$i \leqslant j$）时，循环：*i* 向后（++i），*j* 向前（--j）。

如果最后 *i* 大于或等于 *j*（大于时 *i* 在后 *j* 在前，等于时 *i*、*j* 指向同一元素），那么是回文；如果 *i* 在 *j* 前，说明循环没有全部完成，有不相同字符，不是回文。

循环过程如图 16-1 所示。

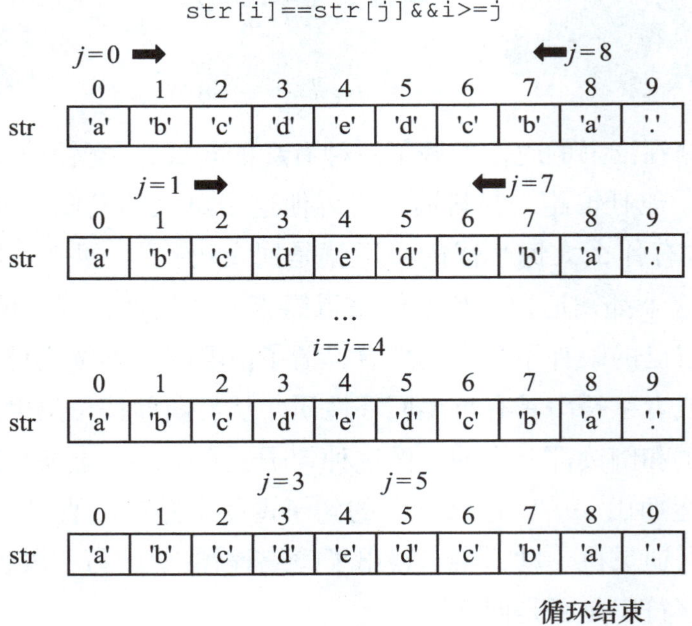

图 16-1　循环过程

【算法描述】

（1）定义字符数组 str，下标变量 i 和 j 初始化为 0。

（2）输入 str[j]，当 str[j]!='.' 时，循环 ++j，输入 str[j]。

（3）去掉'.'，下标j=j-1；当j>=i并且str[j]==str[i]时，循环i++，j--。

（4）如果 j<=i 为真，那么输出 Yes ；否则，输出 No。

（1）什么是字符串？

（2）如何存储字符串？

（3）如何操作字符串？

有趣的回文这一问题的程序实现如代码清单 16-1 所示。

代码清单 16-1

```
#include<iostream>
using namespace std;
int main(){
    char ch;
    char str[101];
    int i=0,j=0;
    cin>>str[j];
    while (str[j]!='.') {                //读入一个字符串，以'.'结束
        cin>>str[++j];
    }
    j=j-1;                               //去掉'.'
    while ((j>=i)&&(str[j]==str[i])) {   //判断它是否是回文
        ++i;
        --j;
    }
    if (j<=i)
        cout<<"Yes"<<endl;
    else
        cout<<"No"<<endl;
    return 0;
}
```

无论数组的下标有几个类型，数组中全体元素的类型必须相同。数组

元素的类型可以是任何类型，当它是字符型时，我们称它为字符数组。由于字符数组与字符串的应用是计算机非数值处理的重要方面之一，因此我们把它们两个放在一起进行讨论。

16.1 字符数组

字符数组是指元素为字符类型的数组。字符数组可以用来存放字符序列或字符串。

小知识

通常字符序列和字符串是不同的，字符序列就是一个或多个字符，而字符串除了字符，结尾还要有结束标志（后面会介绍）。

16.1.1 字符数组的定义格式

例 16-1 中的第 5 行定义了一个字符数组 str，如图 16-2 所示 。

```
5.        char str[101];
```

图 16-2 字符数组定义

字符数组也是数组，定义、初始化和使用规则与数组完全一样。第一个元素同样是从 ch1[0] 开始，而不是 ch1[1]，例如：

```
char ch1[5];          //数组ch1是一维数组，表示一个具有5个字符元素的字符数组。
char ch2[3][5];       //数组ch2是二维数组，包括3个具有5个字符元素的字符数组。
```

16.1.2 字符数组的赋值

与一维数组一样，字符数组的赋值分为数组的初始化和数组元素的赋值。初始化的方式有用字符初始化和用字符串初始化两种，也有用初始值表进行初始化的。

1. 用字符初始化数组

例如：

```
char chr1[5]={'a','b','c','d','e'};
```

初始值表中的每个数据项是一个字符，用字符给数组 chr1 的各个元素初始化。

字符数组中可以存放若干个字符，也可以来存放字符串。两者的区别是字符串有一个结束符('\0')。'\0' 是一个转义字符，表示字符串结束，其ASCII值为0，在实际字符串中不可见。

例如：

```
char chr2[5]={'a','b','c','d','\0'}; //在数组chr2中存放着一个字符串"abcd"
```

注 意

字符数组和字符串的区别就在于是否存在字符串结束标志——'\0'。

2. 用字符串初始化数组

用一个字符串初始化一个一维字符数组，可以写成下列形式：

```
char chr2[5]="abcd";
```

或

```
char chr2[ ]="abcd";
```

使用以上格式均要注意字符串的长度应小于或等于字符数组的大小减1。同理，对二维字符数组来讲，可存放若干个字符串。可使用由若干个字符串组成的初始值表给二维字符数组初始化。

例如：

```
char chr3[3][4]={"abc","mno","xyz"};
```

或

```
char chr3[ ][4]={"abc","mno","xyz"};
```

在数组 ch3 中存放 3 个字符串，每个字符串的长度不得大于 3。

3. 数组元素赋值

字符数组的赋值是给该字符数组的各个元素赋一个字符值，例如：

```
char chr[3];
chr[0]='a';
chr[1]='b';
chr[2]='c';
```

对二维、三维字符数组也是如此，需要逐个元素赋值。

4. 字符常量和字符串常量的区别

（1）两者的定界符不同，字符常量由单引号括起来，字符串常量由双引号括起来。

（2）字符常量只能是单个字符或转义字符，字符串常量则可以是多个字符。

（3）字符常量占一个字节，而字符串常量占用字节数等于字符串的字节数加 1。增加的一个字节中存放字符串结束标志 '\0'，例如，字符常量 'a' 占一个字节，字符串常量 "a" 占二个字节（'a' 和 '\0'）。

16.2 字符串类型

字符串是由双引号括起来的一串字符，这串字符可以是英文、中文和各种符号。为了更加方便灵活地处理字符串，C++ 的 STL 中提供了字符串数据类型——string。下面就介绍 string 类型的使用方式。

为了在程序中使用 string 类型，我们必须包含 string 头文件。格式如下：

```
#include <string>
using namespace std;
```

16.2.1 字符串变量的定义和初始化

字符串变量的定义和初始化除了同普通变量一样外，还可以有许多样式。常用的字符串变量的定义和初始化如表 16-1 所示。

表 16-1 字符串变量的定义和初始化

定义和初始化举例	说明
string str="hello";	与普通变量一样的定义和初始化
string s1(str);	定义字符串 s1，并把 str 的内容赋给 s1
string s2(str,2);	定义字符串 s2，把 str 从下标 2 开始的内容赋给 s2（下标从 0 开始）
string s3(str,2,3);	定义字符串 s3，并把 str 从下标 2 开始的 3 个字符赋给 s3
string s4(4,'h');	定义字符串 s4，并把 4 个 'h' 字符赋值给 s4

阅读代码清单 16-2，写结果。

代码清单 16-2

```
#include <string>
#include <iostream>
using namespace std;
int main(){
    string str="hello,world";
    string s1(str);
    string s2(str,2);
    string s3(str,2,3);
```

```
    string s4(5,'c') ;
    cout<<"str="<<str<<endl;
    cout<<"s1="<<s1<<endl;
    cout<<"s2="<<s2<<endl;
    cout<<"s3="<<s3<<endl;
    cout<<"s4="<<s4<<endl;
    return 0;
}
```

程序运行结果如下：

```
str=hello,world
s1=hello,world
s2=llo,world
s3=llo
s4=ccccc
```

16.2.2　字符串输入输出

可以像使用普通变量那样，用“cin>>str”和“cout<<str”输入输出字符串，但字符串中不能包含空格字符。

如果想输入包含空格的字符串可以使用 getline() 函数，该函数用于读入一行字符，格式如下：

```
getline(cin,str);
```

阅读代码清单 16-3，写结果。

代码清单 16-3

```
#include <string>
#include <iostream>
using namespace std;
int main(){
    string str1,str2;
    getline(cin,str1);
    cin>>str2;
    cout<<"str1="<<str1<<endl;
    cout<<"str2="<<str2<<endl;
    return 0;
}
```

输入：

```
How are you.
How are you.
```

输出：

```
str1=How are you.
str2=How
```

16.2.3 字符串操作函数

字符串操作函数是字符串编程有力的工具。常用的操作主要有字符串的空、增、删、改、查、读 6 类。

1. 字符串判空操作

字符串判空操作的格式为

字符串变量.empty()

功能：判断字符串是否为空，为空返回 1（真），不空返回 0（假）。

示例如下：

```
str1.empty();
```

2. 字符串增加操作

增加即为字符串插入操作，分为 3 种：在尾部插入、在中间插入和在头部插入。

（1）字符串尾部插入操作。尾插可以通过字符串连接运算符“+”或字符串追加函数完成。

- 字符串连接运算符“+”。其格式为

串变量1=串变量1+串变量2；//串变量1+=串变量2

功能：“+”在字符串操作中表示连接两个字符串。在串 1 尾部连接串 2 后赋值给串 1。

示例如下：

```
str1=str1+str2; // str1+=str2;
```

- 字符串追加函数。其格式为

串变量1.append(串常量或串变量[, 起始下标, 截取长度])

功能：在字符串 1 尾部追加字符串，方括号部分表示可以省略。

示例如下：

```
str1.append(str2); //在str1尾部追加str2
```

```
str1.append(str2,1,3);// 截取str2下标1开始的3个字符，追加到str1尾部
str1.append("Zhang"); //在str1尾部追加字符串常量
str1.append("Zhang",1,2); //截取串常量从下标1开始的2个字符追加到str1尾部
```

小知识

字符串中起始字符的下标为 0，又称为第 0 元素。

（2）字符串中间或头部插入操作。字符串的中间插入和头部插入可以由 insert() 函数完成。其格式为

串变量1.insert(插入下标位置, 串常量或串变量2[, 起始下标, 截取长度])

功能：在串变量 1 指定下标位置插入字符串，方括号部分表示可以省略。

示例如下：

```
str1.insert(3,str2); //从str1的第3个字符位置开始插入str2
str1.insert(3,str2,1,2); //截取str2下标1开始的2个字符，插入str1第3个字符开始位置
str1.insert(3,"Zhang");//从str1的第3个字符开始插入串常量
str1.insert(3,"Zhang",1,2);//截取串常量第1字符开始的2个字符，插入str第3个字符开始位置
```

3. 字符串删除操作

删除操作分为两种：全部删除和部分删除。

（1）字符串全部元素删除操作。其格式为

串变量.clear();

功能：删除指定字符串的全部字符。

示例如下：

```
str1.clear(); //删除str1中全部字符
```

（2）字符串部分元素删除操作。其格式为

串变量.erase(待删位置下标[,删除字符个数]);

功能：删除字符串指定位置后的部分字符，方括号表示可以省略。

示例如下：

```
str1.erase(3);// str1从第3字符开始删除后面全部字符
str1.erase(2,3);// str1从第2字符开始删除后面3个字符
```

4. 字符串修改操作

（1）字符串整体赋值操作。其格式为

串变量1=串常量/串变量;

功能：将串常量或串变量赋值给串变量 1。整体赋值是字符串的特有操作，一般数组不允许这样整体赋值。

示例如下：

```
str1="Hello";// 将字符串常量赋值给str1
str2=str1;//将串变量str1赋值给str2
```

（2）字符串单个字符读取操作。其格式为

串变量[i]=字符;
串变量.at(i)=字符;

功能：将字符赋值给串变量中第 i 个元素。

示例如下：

```
str[4]='c'; //将字符'c'赋值给str串下标为4的元素
str.at(5)='d';//将字符'd'赋值给str串下标为5的元素
```

（3）字符串交换操作。其格式为

swap(串变量1, 串变量2);

功能：将串变量 1 和串变量 2 内容交换。

示例如下：

```
swap(str1,str2);
```

（4）串替换操作。其格式为

串变量1.replace(替换起始位置,替换元素个数,串常量/串变量[,起始下标,截取长度]);

功能：对串变量 1 指定位置字符进行替换。

示例如下：

```
str1.replace(1,2,str2);//将str1下标1开始的连续2个字符替换成str2
str1.replace(1,2,str2,1,3);//截取str2从下标1开始的3个字符，将str1下标1开始的连续2个字符替
                           //换成截取字符
str1.replace(1,2,"aaa");//将str1下标1开始的连续2个字符替换成"aaa"
str1.replace(1,2, "aaab",2,2);
//截取串常量从下标2开始的2个字符"ab"，将str1下标1开始的连续2个字符替换成截取字符
```

5. 字符串查找操作

字符串查找操作的格式为

串变量1.find(子串);

功能：在串变量 1 中查找串子串。若找到，则返回子串在串变量 1 中第一

次出现的位置；若未找到，则返回“-1”。

示例如下：

```
str1.find("are");
str1.find(str2);
```

6. 字符串读取操作

字符串读取不会改变原有字符串的内容，常用操作包括读取字符串长度、读取子串和字符串比较等。

（1）读取字符串长度。其格式为

串变量1.length();
串变量1.size();

功能：二者功能一致，获取串变量的字符个数，不包含 '\0'。

示例如下：

```
str1.length();
str1.size();
```

（2）读取子串。其格式为

串变量1.substr(起始下标[, 字符个数]);

功能：从串变量 1 起始下标开始截取子串，方括号表示可以省略。

示例如下：

```
str1.substr(2);//截取从str1的第2下标开始到结尾的字符作为子串
str1.substr(2,3);//截取从str1的第2下标开始的3个字符作为子串
```

（3）比较字符串大小运算符。

要比较字符串，需要使用关系运算符：==、!=、<、<=、>、>=。字符串大小比较是按字符的 ASCII 值进行的。当两个字符串第一个字符相同时，比较第二个字符……，所有字符都相同，两个字符串才相等。

示例如下：

```
str1="How"; str2="Hov"; str3="How";
str1>str2 //结果为1
str1==str3//结果为1
```

为方便记忆，总结字符串的各种操作，如表 16-2 所示。

表 16-2　字符串操作方式

功　能	举　例	功　能	举　例

判空	str1.empty();	修改	str1="hello";str[5],str.at(5)
			swap(str1,str2);
			str1.replace(1,2,"aaa");

增加	str1=str1+str2;
	str1.append(str2);
	str1.insert(3,str2);
		查找	str1.find(str2);

删除	str1.clear(); str1.erase(3);	读取	str1.length();str1.size(); str1.substr(11); ==,!=,<,<=,>,>=

本课主要介绍了以下内容。

（1）字符数组的定义、初始化与赋值。

（2）字符串类型变量的定义。

（3）字符串类型变量的输入输出。

（4）字符串类型变量操作函数。

练习 16-1　阅读代码清单 16-4，写结果。

代码清单 16-4

```
#include <string>
#include <iostream>
using namespace std;
int main(){
    string str1,str2="hello";
    cout<<str1.empty()<<endl;
    cout<<str2.empty()<<endl;
    return 0;
}
```

结果为＿＿＿＿＿＿＿＿。

练习 16-2　阅读代码清单 16-5，写结果。

代码清单 16-5

```
#include <string>
#include <iostream>
using namespace std;
int main(){
```

```
    string str1="How are you";
    str1.clear();
    cout<<str1<<endl;
    str1="How are you";
    str1.erase(3);
    cout<<str1<<endl;
    str1="How are you";
    str1.erase(3,5);
    cout<<str1<<endl;
    return 0;
}
```

结果为________________。

练习16-3　阅读代码清单16-6，写结果。

代码清单 16-6

```
#include <string>
#include <iostream>
using namespace std;
int main(){
    string str1="Welcome";
    string str2=",Mr.Zhang";
    str1+=str2;
    cout<<str1<<endl;
    str1="Welcome";
    str1.append(str2);
    cout<<str1<<endl;
    str1="Welcome";
    str1.append(str2,3,6);
    cout<<str1<<endl;
    str1="Welcome";
    str1.append(",Mr.Li");
    cout<<str1<<endl;
    str1="Welcome";
    str1.append(" Lang",1,3);
    cout<<str1<<endl;
    str1="Welcome";
    str1.insert(3,"l ");
    cout<<str1<<endl;
    str1="aacc";
    str2="bb";
    str1.insert(2,str2,1,1);
```

```
    cout<<str1<<endl;
     return 0;
}
```

结果为＿＿＿＿＿＿＿＿＿。

练习 16-4　阅读代码清单 16-7，写结果。

代码清单 16-7

```
#include <string>
#include <iostream>
using namespace std;
int main(){
    string str1="How are you?",str2;
    str1="How old are you?";
    cout<<str1<<endl;
    str2=str1;
    cout<<str2<<endl;
    str1[3]='@';
    str1.at(7)='@';
    cout<<str1<<endl;
    str1="How are you?";
    swap(str1,str2);
    cout<<str1<<endl;
    cout<<str2<<endl;
    str1="How are you?";
    str2="old are";
    str1.replace(4,3,str2,0,3);
    cout<<str1<<endl;
    return 0;
}
```

结果为＿＿＿＿＿＿＿＿＿。

练习 16-5　阅读代码清单 16-8，写结果。

代码清单 16-8

```
#include <string>
#include <iostream>
using namespace std;
int main(){
    string str1="How are you?",str2="are";
    cout<<str1.find("How")<<endl;
    cout<<str1.find(str2)<<endl;
```

```
    return 0;
}
```

结果为________________。

练习16-6　阅读代码清单16-9，写结果。

代码清单 16-9

```
#include <string>
#include <iostream>
using namespace std;
int main(){
    string str1="How are you?",str2;
    cout<<str1.length()<<endl;
    cout<<str1.size()<<endl;
    str2=str1.substr(4);
    cout<<str2<<endl;
    str2=str1.substr(8,3);
    cout<<str2<<endl;
    str1="How";
    str2=str1;
    cout<<(str2==str1)<<endl;
    str2="how";
    cout<<(str2>str1)<<endl;
    str2="Hov";
    cout<<(str2<str1)<<endl;
    return 0;
}
```

结果为________________。

第 17 课　超级数字反转：文件操作

【例 17-1】 超级数字反转

最近卡路学会了字符串操作，很想小试一下身手，于是跑来央求科迪给他出些新的编程题。科迪想了想出了一道数字反转的问题，就是输入一个整数然后把它反转输出。卡路一听这不是以前做过的旧题吗，没什么新意，不免有些丧气。科迪看到卡路的样子，知道他有些小失落，胸有成竹地说道："这次虽然题目一样，不过要求用字符串和文件去实现，所以它是数字反转的升级版——超级数字反转。卡路你还不一定能做出来呢！"

科迪的激将法用对了，卡路顿时来了精神，仔细研究起题目来。

给定一个整数，请将该数各个位上数字反转得到一个新数。新数也应满足整数的常见形式，即除非给定的原数为零，否则反转后得到的新数的最高位数字不应为零。

输入：输入文件名为 reverse.in。输入共 1 行，一个整数。

输出：输出文件名为 reverse.out。输出共 1 行，一个整数，表示反转后的新数。

样例输入 1：

reverse.in

```
123
```

样例输出 1：

reverse.out

```
321
```

样例输入 2：

reverse.in

```
-380
```

样例输出 2：

reverse.out

```
-83
```

注 意

此程序输入输出是文件操作，先按要求创建输入文件并写入数据，且输入文件与源程序在同一个文件夹下。输出文件由程序创建。

【数学分析】

判断数字是否为负数，如果是则先输出符号，并将数字取绝对值；将数字从后往前转换成字符串；去掉前导 0，然后输出数字。

【算法描述】

（1）定义字符串变量 s，定义文件输入对象 reverse.in 和文件输出对象 reverse.out，定义整数变量 n 和下标变量 i，初始化为 0。

（2）判断文件是否不存在，如果存在则从文件输入 n。

（3）判断，如果 n 小于 0，文件输出“-”，并将 n 变成正数。

while 循环将 n 倒序转成字符串存入 s。

while 循环去掉字符串中的前导 0。

（4）输出 s 到文件。

想一想

（1）怎么能长期保存数据呢？

（2）如何创建输入文件和查看输出文件？

（3）如何编程控制文件输入输出数据？

【例 17-1】 上机实现

代码清单 17-1

```
#include<iostream>
#include<cstdio>                                  //定义文件操作头文件
using namespace std;
int main() {
    string s;
    freopen("reverse.in","r",stdin);              //定义输入文件对象，同时打开指定输入文件
    freopen("reverse.out","w",stdout);            //定义输出文件对象，同时打开指定输出文件
    int n,i=0;
    cin>>n;                                       //从输入文件reverse.in读取数据给变量n
    if(n<0){
        cout<<"-";
        n=-n;
    }
    while(n>0){
        s+=n%10+48;
        n/=10;
    }
    while((i+1!=s.size())&&(s[i]=='0'))
        ++i;
    for(;i<s.size();++i)                     //循环输出数据s[i]到输出文件reverse.out
        cout<<s[i];
    fclose(stdin);                           //关闭输入文件
    fclose(stdout);                          //关闭输出文件
    return 0;
}
```

17.1 文件概述

文件是收集在一起的数据集合。C++ 把每一个文件都看成是一个有序的字

节流，每个文件都以文件结束标志结束。如果要操作某个文件，程序必须首先打开该文件。当一个文件被打开后，该文件就和一个流关联起来，这里的流实际上是一个字节序列。

C++ 将文件分为文本文件和二进制文件。二进制文件一般含有特殊的格式或计算机代码，如图文件和可执行文件等。文本文件则是可以用任何文字处理程序阅读和编辑的简单 ASCII 文件。

文件在程序关闭后仍可以打开，保证数据不会丢失，因此可以用来存放程序的输入输出结果。我们比赛中所有程序的输入输出都是由文件完成的，而不是直接用键盘和显示器。

下面我们学习如何编写 C++ 代码来实现对文本文件的输入和输出。

17.2　创建文件和查看文件

创建和查看文件的方法很多，可以用 Windows 系统自带的记事本，也可以用 Dev-C++。此处介绍如何利用 Dev-C++ 创建输入文件和查看输出文件。

17.2.1　创建输入文件

在 C++ 中输入文件用于存放准备输入程序中的数据，替代了键盘输入数据。输入文件需要由用户手动创建。在多数信息学比赛中，输入文件会由系统提供，但在平时学习中需要我们自己创建。

通过 Dev-C++ 创建输入文件的步骤如下。

步骤 1： 按组合键 <Ctrl+N> 新建“未命名 1”文件（或单击“文件”→“新建”→“源代码”菜单项），结果如图 17-1 所示。

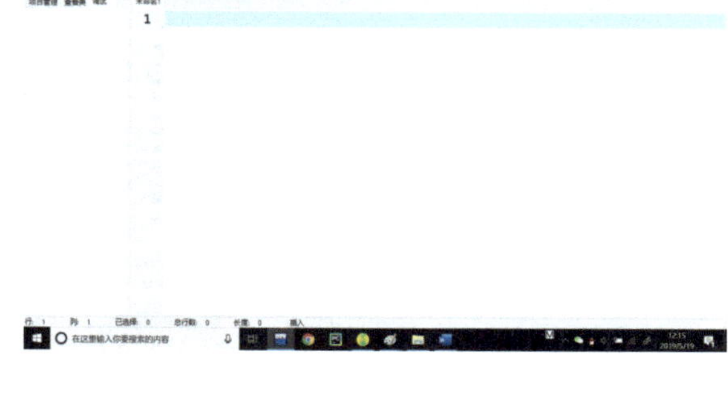

图 17-1　创建输入文件

提示

新建文件名字不一定是“未命名 1”，可以是“未命名 n”，n 表示创建的第 n 个文件。

步骤 2： 在“未命名 1”文件中输入文件内容，如图 17-2 所示。

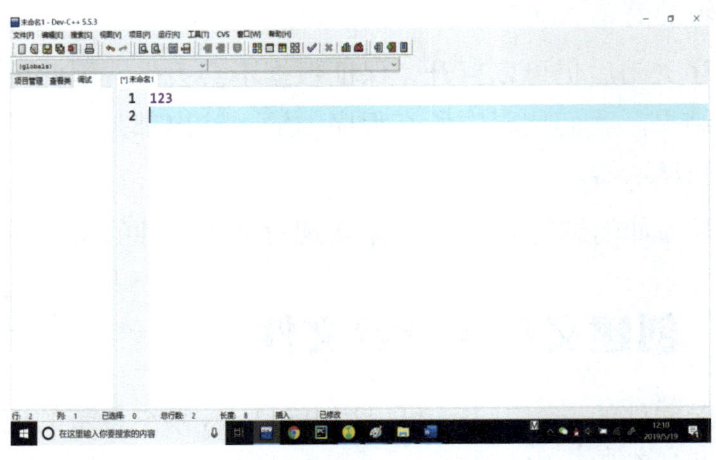

图 17-2　输入文件内容

步骤 3： 使用快捷组合键 <Ctrl+S> 保存文件，弹出“保存文件”对话框（或单击“文件”→“保存”菜单项），如图 17-3 所示。

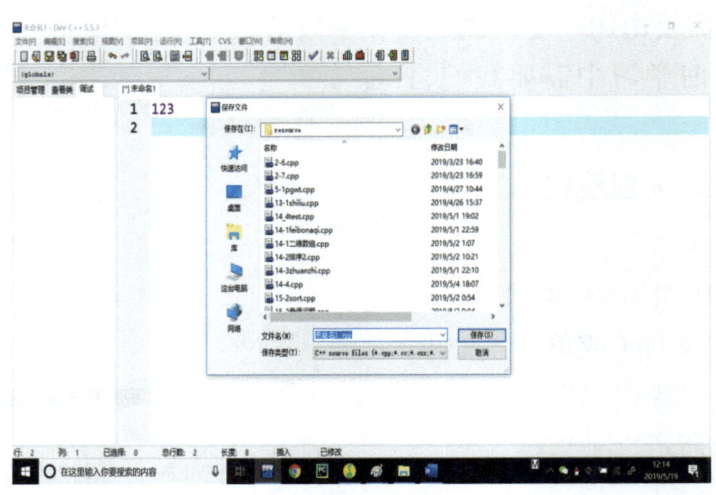

图 17-3　“保存文件”对话框

步骤 4： 在“保存文件”对话框中修改“保存类型”为“All files(*.*)”，即所有文件类型，如图 17-4 所示。

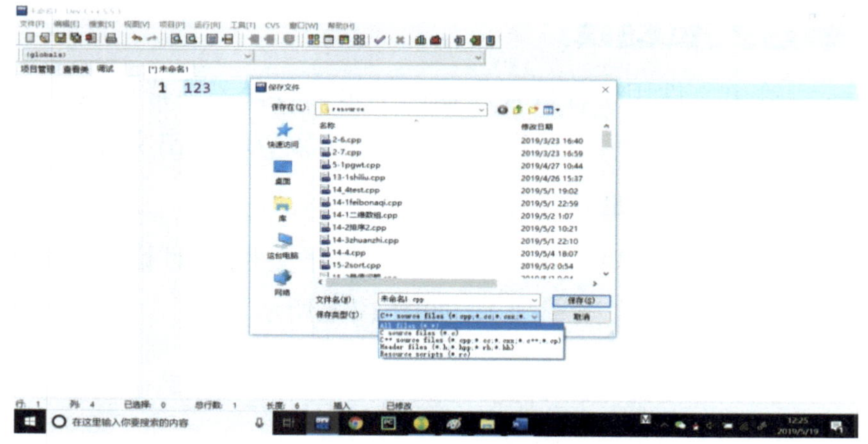

图 17-4　修改“保存类型”

提示

这是正确创建输入文件的关键步骤，必须修改“保存类型”为所有文件类型才能保证输入文件的正确创建。

步骤 5： 在“文件名”下拉列表框中输入文件全名，例如“reverse.in”，并单击“保存”按钮保存文件。注意：一般情况下输入文件要与调用它的 C++ 源文件在同一个文件夹下，才可以正确调用，如图 17-5 所示。

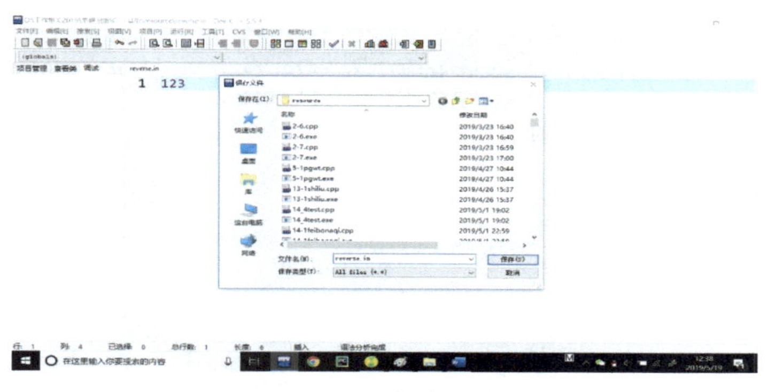

图 17-5　保存文件

提示

文件全名格式为“主名 . 扩展名”，通常主名表示文件的含义，扩展名表示文件的类型。例如，“reverse.in”中主名为“reverse”表示文件中数据要反转，扩展名“.in”表示文件类型是输入文件。常用文件扩展名还包括“.out”（表示输出类型文件）、“.cpp”（表示 C++ 源文件）、“.exe”（表示 Windows 操作系统中的可执行文件）等。

17.2.2 查看输出文件

在 C++ 中输出文件用于存放程序输出结果，替代了屏幕显示结果。输出文件通过编程可以在程序执行后自动创建，我们可以查看输出文件。

查看输出文件的步骤如下。

步骤 1： 使用快捷键 <Ctrl+O> 弹出“打开文件”对话框（或单击“文件”→“打开项目或文件”菜单项），如图 17-6 所示。

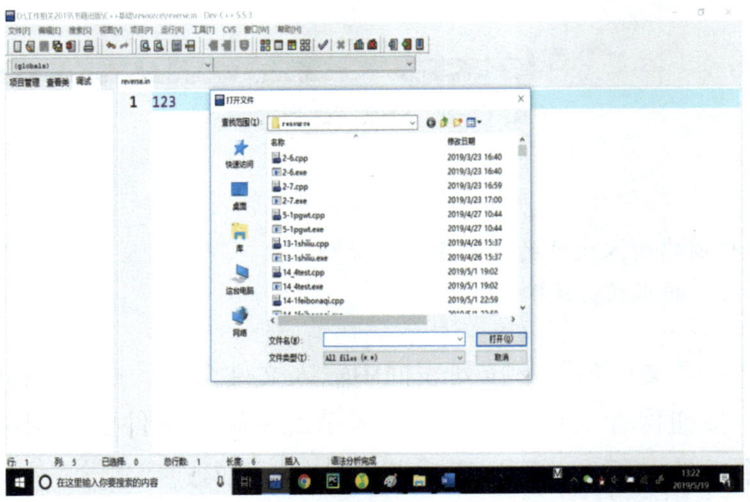

图 17-6 “打开文件”对话框

步骤 2： 在“打开文件”对话框的“文件名”下拉列表框中输入文件名，单击“打开”按钮即可，如图 17-7 所示。

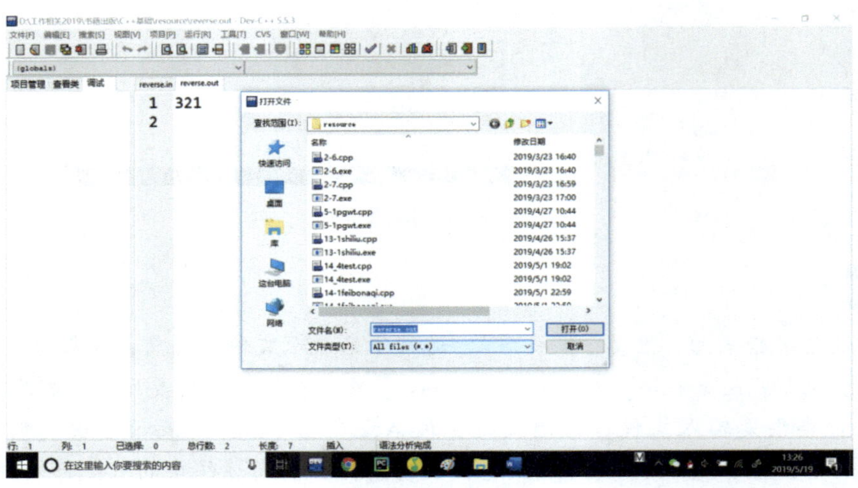

图 17-7 输入文件名

提示

输出文件在程序执行后自动创建，所以在程序执行前该文件不存在。另外，打开文件时需要注意文件路径（即文件所在的文件夹），通常情况下输出文件与程序源文件在同一文件夹下。

17.3　源程序中的文件操作

文件操作基本步骤如下。

（1）打开文件，将文件指针指向文件，决定打开文件类型。

（2）对文件进行读、写操作。

（3）在使用完文件后，关闭文件。

在 C++ 中，源程序中的文件输入输出可以通过重定向函数 freopen() 完成（它来源于 cstdio 头文件），之后就能像平常一样使用 scanf、printf、cin、cout 了。

采用文件重定向进行文件操作的模板如图 17-8 所示。

```
#include <cstdio>
int main(){
    freopen("输入文件名", "r" , stdin);
    freopen("输出文件名", "w" , stdout);
    //中间按原样写代码，什么都不用修改
    fclose(stdin);
    fclose(stdout);
    return 0;
}
```

图 17-8　采用文件重定向进行文件操作

程序开始时需要用 freopen() 函数指定输入输出文件，程序结束时需要用 fclose() 函数关闭输入输出文件。

其中，文件重定向函数 freopen() 有如下 3 个参数。

（1）输入文件名 / 输出文件名字符串。

输入文件名是指用来代替键盘存储输入数据的文件全名，通常以“.in”为扩展名；输出文件名是指用来代替显示器接收输出结果的文件全名，通常以“.out”为扩展名。

（2）输入输出模式字符串。

输入重定位的模式通常设置为“r”，表示输入文件是只读（read）的；输出重定位的模式通常设置为“w”，表示输出文件是可以写入（write）的。

（3）标准输入输出设备。

stdin 和 stdout 是 C++ 中的预设的常量。stdin 表示标准输入（Standard Input）设备，通常是键盘，stdout 表示标准输出（Standard Output）设备，通常是显示屏。

所谓重定向，就是改变输入的源头或输出的目的地——由键盘 / 显示屏到指定文件。对于 cin 和 scanf() 等输入语句，输入的源头 stdin 本来是键盘，经过重定向操作后就变为指定文件了；对于 cout 和 printf() 等输出语句，输出的目的地 stdout 本来是显示屏，经过重定向操作后变为指定文件。

提示

在使用重定位进行程序设计前，输入数据必须预先存放在输入文件中，且输入文件和源程序文件在同一个文件夹中。如果输入文件不存在或者与源文件不在同一个文件夹中，都将导致程序结果错误。

在本次课中，我们主要学习的内容如下。

（1）文件的概念。

（2）文件的操作过程。

（3）文件数据的输入输出。

练习 17-1　阅读程序，写结果。

代码清单 17-2　阅读程序写结果

```
#include<iostream>
#include<cstdio>
using namespace std;
int main() {
        freopen("yd.in","r",stdin);
        freopen("yd.out","w",stdout);
```

```
    string str;
    getline(cin,str);
    cout<<str<<endl;
    fclose(stdin);
    fclose(stdout);
    return 0;
}
```

设 yd.in 文件内容如下：

```
Hi,welcome!
```

则 yd.out 文件内容为________。

练习 17-2　阅读程序，写结果。

代码清单 17-3　阅读程序写结果

```
#include<iostream>
#include<cstdio>
using namespace std;
int main(){
    freopen("sr.out","w",stdout);
    char ch;
    ch=getchar();
    while(ch!='!'){
        cout<<ch;
        ch=getchar();
    }
    cout<<'.'<<endl;
    fclose(stdout);
    return 0;
}
```

设键盘输入如下：

```
This is test!
```

则 sr.out 文件内容为________。

练习 17-3　阅读程序，写结果。

代码清单 17-4　阅读程序写结果

```
#include <iostream>
#include <cstdio>
using namespace std;
int main(){
```

```
        freopen("letter.in","r",stdin);
        char ch;
        int c=0;
        while(cin>>ch){
            if(ch>='a'&&ch<='z')cout<<ch;
        }
        cout<<c<<endl;
        fclose(stdin);
        return 0;
}
```

已知 letter.in 文件内容如下：

```
azls123abcd<CR>
```

提示：while(cin>>ch) 表示文件没有结束则输入字符给 ch。

则程序输出为________。

练习 17-4　文件复制

请编写程序，将文件 copy.in 的内容输出到屏幕上，并复制到文件 copy.out 中。

输入：在文件 copy.in 中，有 1 行字符。

输出：屏幕和 copy.out 文件中，复制 copy.in 文件内容。

样例输入：

copy.in

```
casia.
```

样例输出：

copy.out

```
casia.
```

练习 17-5　整数统计

已知文件 number.in 中存有一些整数。请编写程序统计文件中正整数、零和负整数的个数，并存入 number.out 文件中。

输入：数据在文件 number.in 中，有 1 行若干个整数，整数之间以空格分隔。

输出：数据在文件 number.out 中，有 1 行，3 个整数，即正整数个数、零的个数和负整数的个数，3 个整数以空格分隔。

样例输入：

number.in

```
54 23 0 45 0 -2 -97 24 78 -3
```

样例输出：

number.out

```
5 2 3
```

第 18 课　卡路的历练 5：字符串及文件举例

学习了字符串和文件后，卡路决定再做些练习，巩固学过的知识。

我们在编写、修改文章时经常会在文章中查找某一个单词，如果凭肉眼去找，真是太困难了。如果计算机能够帮我们做这件事，就容易多了。

好吧，请编写一段程序来帮助人们实现这个功能吧。要求：给定一个单词，输出它在给定的文章中出现的次数和第一次出现的位置。注意：根据人们的习惯，查找单词时不区分大小写，即给定单词必须与文章中的某一独立单词在不区分大小写的情况下完全相同（参见例 18-1），如果给定单词仅是文章中某一单词的一部分则不算匹配。

【例 18-1】 查找单词问题。

输入：一共两行。第一行为一个字符串，其中只含字母，表示给定单词；第二行为一个字符串，其中只含字母和空格，表示给定的文章。

输出：一行，如果在文章中找到给定单词则输出两个整数，即单词在文章中出现的次数和第一次出现的位置（即在文章中第一次出现时，单词首字母在文章中的位置，位置从 0 开始计），两个整数之间用一个空格隔开；如果单词在文章中没有出现，则直接输出一个整数 -1。

样例输入：

```
To
to be or not to be is a question
```

样例输出：

```
2 0
```

数据范围：1 ≤单词长度≤ 10，1 ≤文章长度≤ 1000000。

【数学分析】

首先，输入一个单词和一篇文章。为了保证统计的是一个单词（单词前后有空格），需在单词前后各加一个空格。同样，为统一处理文章，也需要在句子的首尾各加一个空格。然后将单词和文章中的所有字母转为小写。接着利用 string 类的 find(word,pos) 函数查找是否存在单词：如果存在，累加答案，更新位置，循环；否则，退出。

【算法描述】

（1）定义字符串变量 word 和 str，定义循环变量 i，定义位置变量 index，定义首次出现 word 位置变量 first，定义出现 word 的个数变量 ans。

（2）输入 word 和 str。

（3）word 前后加空格，str 前后加空格。

- word 全部变为小写，str 变为小写。
- 首次出现 word 位置变量 first= 位置变量 index，即 index=str.find(word)。
- 当位置变量 index 不等于 -1 时循环。
- 个数变量 ans++。
- 位置变量 index=str.find(word,index+1)。

（4）如果 ans 不等于 0，那么输出 ans 和 first；否则，输出 -1。

查找单词问题的程序实现如代码清单 18-1 所示。

代码清单 18-1

```
#include<iostream>
#include<string>
```

```
using namespace std;
int main()
{
        string word,str;
        int first=-1,ans=0,index=-1,i;
        getline(cin,word);
        word=" "+word+" ";
        getline(cin,str);
        str=" "+str+" ";
        for(i=0;i<word.length();i++)
                if(word[i]>='A'&&word[i]<='Z')word[i]+=32;
        for(i=0;i<str.length();i++)
                if(str[i]>='A'&&str[i]<='Z')str[i]+=32;
        first=index=str.find(word);
        while(index!=-1)
        {
                ans++;
                index=str.find(word,index+1);
        }
        if (ans!=0) cout<<ans<<' '<<first<<endl;
        else cout<<-1<<endl;
        return 0;
}
```

【例 18-2】 基因相关性问题。

脱氧核糖核酸（DNA）由两条互补的碱基链以双螺旋的方式结合而成。为了获知 DNA 序列在功能和结构上的相似性，经常需要将几个不同的 DNA 序列进行比对，以判断比对的 DNA 序列是否具有相关性。

现比对两个长度相同的 DNA 序列。如图 18-1 所示，定义两个 DNA 序列相同位置的碱基为一个碱基对，如果一个碱基对中的两个碱基相同，则称为相同碱基对。接着计算相同碱基对占总碱基对数量的比例。如果该比例大于等于给定阈值，则判定该两个 DNA 序列是相关的；否则，不相关。

输入：数据在文件 gene.in 中，有 3 行，第一行是用来判定两条 DNA 序列是否相关的阈值，随后两行各为一个 DNA 序列（长度不大于 500）。

输出：数据在 gene.out 文件中，若两个 DNA 序列相关，则输出 yes，否则输出 no。

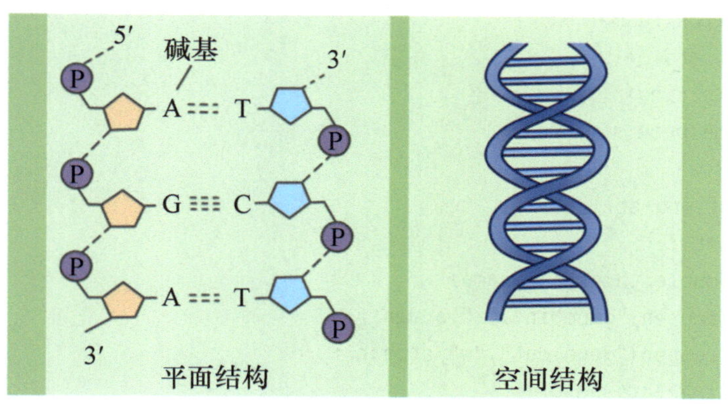

图 18-1　DNA 序列

样例输入： gene.in

```
0.85
ATCGCCGTAAGTAACGGTTTTAAATAGGCC
ATCGCCGGAAGTAACGGTCTTAAATAGGCC
```

样例输出： gene.out

```
yes
```

【数学分析】

此题目本质上是求两个字符串位置相同的字符是否相等，以及相同字符所占比例。首先循环判断位置相同字符是否相等，如果相等，则计数值加 1。然后用计数值除以总长得到比例，最后判断该比例是否大于阈值。

【算法描述】

（1）定义两个字符串变量 str1 和 str2，循环变量 i，两个实数变量 same 和 threshold（same 用于存放相等字符个数，threshold 存放阈值），通过 freopen() 函数，将标准输入、输出分别重定向到指定文件。

（2）从文件读取相应内容到 threshold、str1 和 str2。

（3）循环 i 从 0 到 str1.length()。如果 str1[i] 和 str2[i] 相等，那么 same++。

（4）如果 same/str1.length()>=threshold，那么文件输出 yes；否则，文件输出 no。

基因相关性问题的程序实现如代码清单 18-2 所示。

代码清单 18-2

```
#include<iostream>
#include<cstdio>
#include<string>
using namespace std;
int main() {
        string str1,str2;
        int i;
        double threshold,same;
        freopen("gene.in","r",stdin);
        freopen("gene.out","w",stdout);
        cin>>threshold;
        getline(cin,str1);
        getline(cin,str2);
        for(i=0;i<str1.length();i++) {
                if(str1[i]==str2[i])same+=1;
         }
         if((same/str1.length())>=threshold)
                cout<<"yes";
         else cout<<"no";
         fclose(stdin);
         fclose(stdout);
         return 0;
}
```

【例 18-3】 密码翻译问题。

在情报传递过程中，为了防止情报被破译，往往需要对情报用一定的方式加密，如图 18-2 所示。简单的加密算法虽然不足以完全避免情报被破译，但仍然能防止情报被轻易地识别。我们给出一种最简单的加密方法，对给定的一个字符串，把其中从 a ～ y、A ～ Y 的字母分别用其后继字母替代，把 z 和 Z 分别用 a 和 A 替代，其他非字母字符不变，则可得到一个简单的加密字符串。

图 18-2　加密可以防止情报被破译

输入：数据在文件 password.in 中，有一行，包含一个字符串，长度小于 80 个字符。

输出：数据在 password.out 文件中，包含输出的加密字符串。

样例输入：password.in

```
Hello!How are you!
```

样例输出：password.out

```
Ifmmp!Ipx bsf zpv!
```

【数学分析】

此程序为字符串本身变化，只需遍历字符串，根据规则用 if-else 变换字符串即可。

【算法描述】

（1）定义字符串变量 str1、循环变量 i，通过 freopen() 函数将标准输入、输出分别重定向到指定文件。

（2）从文件读取一行内容到 str1。

（3）循环 i 从 0 到 str1.length()：

- 如果 str1[i] 的值位于 a ～ y 或者 A ～ Y，那么 str1[i]+=1；
- 如果 str1[i] 等于 z 或者 Z，那么 str1[i]=a 或 A。

（4）文件输出 str1。

注 意

在第（3）步的循环中，必须采用if-else if嵌套结构，而不能采用两个if单分支选择结构。请同学们试一试，并说明为什么？

密码翻译问题的程序实现如代码清单 18-3 所示。

代码清单 18-3

```
#include<iostream>
#include<cstdio>
#include<string>
using namespace std;
int main() {
        string str1;
        int i;
        freopen("password.in","r",stdin);
        freopen("password.out","w",stdout);
        getline(cin,str1);
```

```
	for(i=0;i<str1.length();i++)	{
		if(str1[i]>='a'&&str1[i]<='y'
		||str1[i]>='A'&&str1[i]<='Y')str1[i]+=1;
		else if(str1[i]=='z')str1[i]='a';
		else if(str1[i]=='Z')str1[i]='A';
	}
	cout<<str1;
	fclose(stdin);
	fclose(stdout);
	return 0;
}
```

【例 18-4】 最长 / 最短单词问题。

从文件输入一行句子（不多于 200 个单词，每个单词长度不超过 100），只包含字母、空格和逗号。单词由至少一个字母构成，空格和逗号都是单词间的间隔。试输出第一个最长的单词和第一个最短的单词。

输入：数据在文件 maxword.in 中，有一行，包含一个句子。

输出：数据在 maxword.out 文件中，包含 2 行，第 1 行显示第一个最长的单词，第 2 行显示第一个最短的单词。

样例输入： maxword.in

```
I am studying programming language C++ in CASIA,this is intersting class
```

样例输出： maxword.out

```
maxword:programming
minword:I
```

提示

如果所有单词长度相同，那么第一个单词既是最长单词也是最短单词。

【数学分析】

本程序的主要思想是取最大值和最小值，先假设第一个单词既是最长单词也是最短单词，然后循环遍历所有单词，查找最长单词和最短单词。

本程序的难点是如何拆分句子中的单词，具体方法是每次查找空格和逗号出现的位置(find())，然后从上次位置开始截取子串(substr())，再判断长度(length())。

查找位置时，还需要判断从上次位置分别到空格和到逗号的长度，谁短则表示谁先出现，然后将其截取至此。

【算法描述】

（1）定义字符串变量 str 表示句子，word 表示截取的单词，maxstr 表示最长单词，minstr 表示最短单词；定义整型数据，循环变量 i，单词开始位置 begin，单词结束位置 end，空格位置 end_space，逗号位置 end_comma，均初始化为 0；通过 freopen() 函数，将标准输入、输出分别重定向到指定文件。

（2）从文件读取句子到 str。

（3）查找第一次空格出现位置 end_space 和第一次逗号出现位置 end_comma，如下分 4 种情况判断。

- 如果 end_space<0 并且 end_comma<0，说明空格或逗号都不存在，则 end=-1。
- 如果 end_space>=0 并且 end_comma<0，说明空格存在、逗号不存在，则 end=end_space。
- 如果 end_space<0 并且 end_comma>=0，说明空格不存在、逗号存在，则 end=end_comma。
- 如果 end_space>=0 并且 end_comma>=0，说明空格和逗号都存在，则 end=min（end_ space,end_comma）。

从句子中截取单词给 word=str.substr(begin,end-begin)；

最长单词 = 最短单词 =word;

begin 指向空格或逗号后面的位置（end+1）;

循环 i 从新 begin 到 str 结尾：查找空格出现位置 end_space 和逗号出现位置 end_comma；

按上述 4 种情况判断后，如果 begin 等于 end，则终止循环；从句子中截取单词给 word=str.substr(begin,end-begin)；

如果最大单词长度 <word 长度，最长单词 =word；

如果最小单词长度 >word 长度，最短单词 =word；

begin 指向空格或逗号后面的位置（end+1）。

（4）输出 maxstr 和 minstr 到文件。

最长 / 最短单词问题的程序实现如代码清单 18-4 所示。

代码清单 18-4

```
#include<iostream>
#include<cstdio>
#include<string>
using namespace std;
int main() {
    string str,word,maxstr,minstr;
        int i=0,begin=0,end_space=0,end_comma=0,end=0;
        freopen("maxword.in","r",stdin);
        freopen("maxword.out","w",stdout);
        getline(cin,str);
        str+=" ";
        end_space=str.find(' ');
        end_comma=str.find(',');
        if(end_space<0&&end_comma<0)end=-1;
        else if(end_space<0&& end_comma>=0)end=end_comma;
        else if(end_space>=0&&end_comma<0)end=end_space;
        else if(end_space>=0&&end_comma>=0)
                if(end_space<end_comma)end=end_space;
                        else end=end_comma;
        word=str.substr(begin,end-begin);
        maxstr=word;
        minstr=word;
        begin=end+1;
        for(i=begin;i<str.length();i++) {
                end_space=str.find(" ",begin);
                end_comma=str.find(",",begin);
                if(end_space<0&&end_comma<0)end=-1;
                else if(end_space<0&& end_comma>=0)end=end_comma;
                else if(end_space>=0&&end_comma<0)end=end_space;
                else if(end_space>=0&&end_comma>=0)
                        if(end_space<end_comma)end=end_space;
                        else end=end_comma;
                if(begin==end)break;
                word=str.substr(begin,end-begin);
                begin=end+1;
                if(maxstr.length()<word.length()) {
                        maxstr=word;
                }
                if(minstr.length()>word.length()) {
                        minstr=word;
                }
        }
```

```
        cout<<"maxword:"<<maxstr<<endl;
        cout<<"minword:"<<minstr<<endl;
        fclose(stdin);
        fclose(stdout);
        return 0;
}
```

本课主要介绍了以下内容。

（1）查找单词问题。

（2）基因相关性问题。

（3）密码翻译问题。

（4）最长 / 最短单词问题。

练习 18-1　阅读代码清单 18-5，写结果。

代码清单 18-5

```
#include<iostream>
#include<cstring>
using namespace std;
int main(){
    char a[20]="cehiknqtw";
    string s="fbla";
    int i,j,k;
    for(k=0;k<s.length();k++){
            j=0;
            while(s[k]>=a[j]&&a[j]!='\0')j++;
            for(i=strlen(a);i>=j;i--)
                    a[i+1]=a[i];
            a[j]=s[k];
    }
    cout<<a<<endl;
      return 0;
}
```

结果为__________。

练习 18-2　删除字符。

字符串 str 的内容为 "chuncctian"，请编写程序将字符串 str 中所有字符 c

删除。

输入：无。

输出：1 个不包含字符 'c' 的字符串。

样例输入： 无

样例输出：

```
huntian
```

练习 18-3　字符串比较大小。

请编写程序，从键盘上输入 3 个字符串，找出其中最小的字符串输出。

输入：3 行，3 个字符串。

输出：1 行，1 个最小的字符串。

样例输入：

```
aabbcc
aabcbc
abcabc
```

样例输出：

```
aabbcc
```

练习 18-4　超长数据加法。

在文件 add.in 中有两个 30 位的十进制整数，编程计算这两个整数相加的结果并存入 add.out 文件中。

输入：数据在文件 add.in 中，有两行，每行 1 个 30 位的十进制整数。

输出：数据在 add.out 中，有 1 行，即这两个整数相加的结果。

样例输入： add.in

```
123456789987654321123456789897
987654321234567891123456789098
```

样例输出： add.out

```
1111111111222222212246913578995
```

提示

超长数据可以按字符串进行存取。

第19课 逐个击破的阶乘和：函数

卡路在学校学了“阶乘”的概念。晚上，科迪给卡路出了一道与阶乘相关的编程题：编写一个程序计算 1!+2!+3!+⋯+5! 的结果。卡路欣然接受了任务，不过却发现这道题好像比计算阶乘要复杂一些，怎么办呢？科迪解释道：“在现实中，当遇到一个较为复杂的任务时，我们可以将任务分解成若干个子任务，让每一个子任务只实现一个功能，把这些子任务组合在一起，就可以轻而易举地完成复杂任务了。程序世界也是如此，为解决一个复杂问题，将程序分解成若干个自定义函数，使每个函数实现一个子功能，这样逐个击破，复杂问题就迎刃而解了。”一番话说得卡路茅塞顿开，他很快完成了程序。

【例 19-1】 逐个击破的阶乘和。

输入：无。

输出：一个整数，即计算的结果。

样例输入：无

样例输出：

```
sum=153
```

【数学分析】

阶乘的概念：一个正整数的阶乘是所有小于及等于该数的正整数的积，即 $N!=1\times2\times3\times\cdots\times N$。注意，0 的阶乘为 1。

本程序有两个功能：一个是求阶乘，另一个是求和。我们可以定义不同的函数实现不同的功能。

如果是 C++ 的系统库函数，只需要在程序开始部分通过“#include”指令加入相应的系统库就可以直接调用了，如 abs(x)、sqrt(x)……

而现在的问题是 C++ 中没有阶乘和求和的系统函数，这就需要我们编写自己的函数，称为自定义函数。

【算法描述】

本程序需定义两个函数：求阶乘函数 js(n) 和主函数 main()。

（1）int js(int n)——该函数求 n 的阶乘，返回一个整型结果。

① 定义阶乘结果整型变量 s，初始化为 1。

② 循环 i 从 1 到 n，迭代 s=s*i。

③ 返回 s。

（2）主函数 main()。

① 定义累加和结果变量 sum，初始化为 0。

② 循环 i 从 1 到 n，迭代 sum=sum+js(i)。

③ 输出 sum。

（1）什么时候需要编写函数呢？

（2）自己如何编写函数呢？

（3）系统怎么才能找到自定义函数呢？

（4）自己编写的函数能否与其他函数互相传递数据呢？

逐个击破的阶乘的具体实现如代码清单 19-1 所示。

代码清单 19-1

```
#include <iostream>
using namespace std;
int js(int n) {
    int i,s=1;
    for(i=1;i<=n;++i)
        s*=i;
    return s;                //函数返回值s的类型就是函数类型
}
int main() {
    int i,sum=0;
    for(i=1;i<=5;i++)
        sum+=js(i);
    cout<<"sum="<<sum<<endl;
    return 0;
}
```

19.1　函数的定义和声明

函数是实现某种功能的程序段，是程序模块化的体现。对于一个复杂的问题，可以将其分解成若干个子问题来解决，如果子问题依然很复杂，还可以将它继续分解，直到每个子问题都是一个具有独立任务的模块。以这种方式编写的程序结构清晰，逻辑关系明确，会给编写、阅读、调试以及修改带来很多好处。

一个程序可以有许多函数，包括主函数和非主函数，主函数只能有一个，非主函数可以有多个。主函数自动执行，非主函数只有被调用时才会执行。程序从主函数开始执行到主函数结束而结束，主函数可以调用任何非主函数，非主函数之间可以互相调用，但不能调用主函数。函数调用过程中，调用其他函数的函数叫作主调函数，相应被调用的函数叫作被调函数。

提示

主函数和主调函数是不同的。主函数特指 main() 函数，主调函数是指调用其他函数的函数。主调函数可以是主函数，也可以是非主函数。

除了系统函数库提供的系统函数，其他函数都需要定义和声明后才能够使用。

1. 函数定义

在例 19-1 中，有一个实现阶乘功能的函数 js()。函数格式说明如图 19-1 所示。

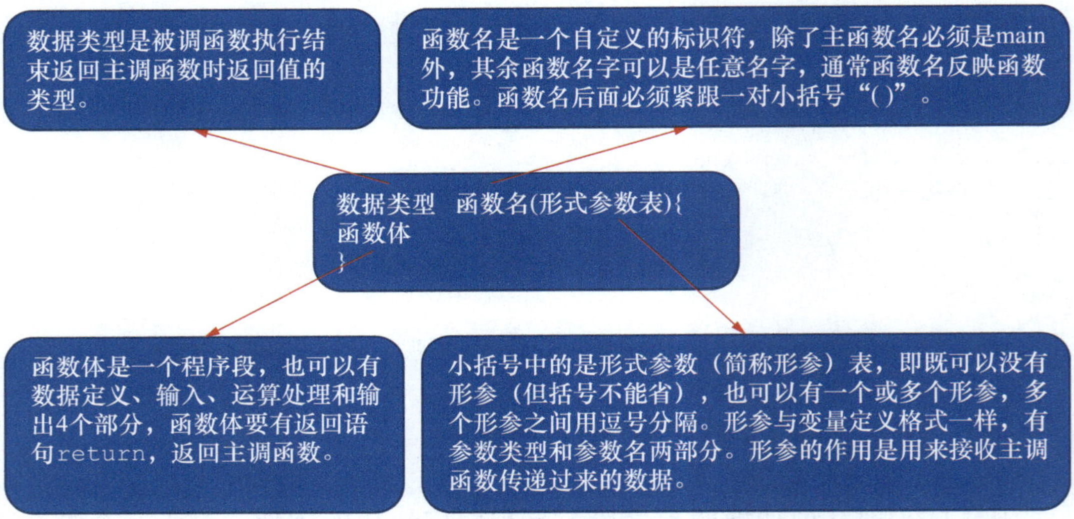

数据类型是被调函数执行结束返回主调函数时返回值的类型。

函数名是一个自定义的标识符，除了主函数名必须是main外，其余函数名字可以是任意名字，通常函数名反映函数功能。函数名后面必须紧跟一对小括号“()”。

数据类型 函数名(形式参数表){
函数体
}

函数体是一个程序段，也可以有数据定义、输入、运算处理和输出4个部分，函数体要有返回语句return，返回主调函数。

小括号中的是形式参数（简称形参）表，即既可以没有形参（但括号不能省），也可以有一个或多个形参，多个形参之间用逗号分隔。形参与变量定义格式一样，有参数类型和参数名两部分。形参的作用是用来接收主调函数传递过来的数据。

图 19-1 函数格式说明

2. 函数声明

除了主函数，自定义函数使用之前可以先声明该函数存在。函数声明的格式为

数据类型 函数名(形式参数表);

例 19-1 中 js() 函数的声明可以写为：

```
int  js(int n);
```

函数定义和函数声明的区别：从格式上看，函数声明没有函数体，在形参表结束后直接加分号结束；从本质上讲，函数声明是一条用于说明函数存在的语句，函数定义是一段用于实现某个功能的程序。

函数声明语句通常放在标准命名空间的后面，也可以放在主调函数中，如图 19-2 所示。

当被调函数定义出现在主调函数后面时，主调函数前必须有函数声明语句；当被调函数定义出现在主调函数之前时，函数声明语句可以省略，如图 19-3 所示。

```
#include <iostream>
using namespace std;
int f1();//函数声明语句
int f2();//函数声明语句
int main(){//主调函数
    //… …
    f1();
    f2();
}
int f1() {//被调函数1定义
    //… …
}
int f2(){//被调函数2定义
    //… …
}
```

图 19-2　函数声明语句位置格式

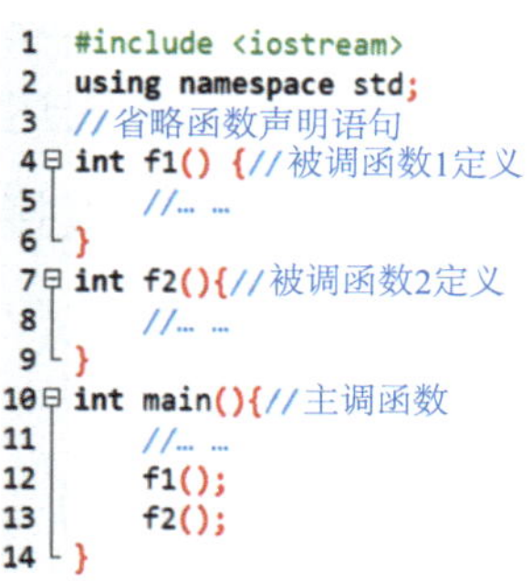

图 19-3　被调函数定义位置格式

19.2　函数的调用与返回

1. 函数调用

例 19-1 中，在主函数中调用了js()函数，如图 19-4 所示。

```
for(i=1;i<=5;i++)
    sum+=js(i);
```

图 19-4　主函数中调用js()函数

函数调用的格式为

函数名(实际参数表);

函数调用时的参数叫作实际参数（简称实参）。实参应与被调函数中的形参个数相同、类型相符。实参可以是常量、变量或表达式，发生函数调用时实参值要按顺序传递给形参。

2. 函数的返回

在被调函数中一定要有返回语句。例 19-1 中js()函数的返回语句如图 19-5 所示。

```
return s;        //函数返回值 s 的类型就是函数类型
```

图 19-5　js()函数的返回语句

返回语句格式有两种：

return 返回值；

return;

返回语句的作用是结束被调函数，返回主调函数中的“调用函数处”继续执行。

return 具有返回值时，在返回主调函数的同时要把返回值带回主调函数。返回值可以是常量、变量和表达式，其类型就是函数的数据类型。

return 没有返回值时，直接返回主调函数继续执行。特别需要说明的是，此时的函数类型为空类型——void。

3. 函数调用过程

函数调用过程如图 19-6 所示。当主调函数执行到函数调用时，主调函数暂停执行转去被调函数执行，这时实参传递给形参，被调函数执行到最后，return 语句结束被调函数执行，将返回值带回主调函数的函数调用处，主调函数继续执行。

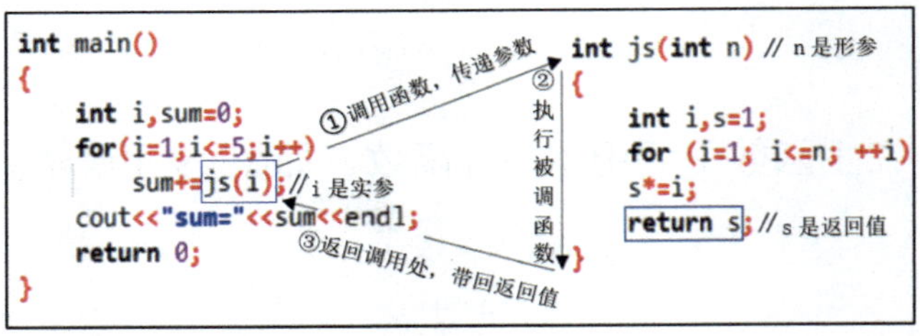

```
int main()
{
    int i,sum=0;
    for(i=1;i<=5;i++)
        sum+=js(i);//i是实参
    cout<<"sum="<<sum<<endl;
    return 0;
}

int js(int n) //n是形参
{
    int i,s=1;
    for (i=1; i<=n; ++i)
    s*=i;
    return s;//s是返回值
}
```

①调用函数，传递参数

②执行被调函数

③返回调用处，带回返回值

图 19-6　函数调用过程

4. 被调函数的作用

被调函数在主调函数中的作用有两种：作为自定义语句使用和作为数据使用。

（1）作为自定义语句使用。

【例 19-2】 阅读代码清单 19-2，写结果。

代码清单 19-2

```
#include <iostream>
using namespace std;
void  f1(){
    cout<<"*****************"<<endl;
    return;
```

```
}
int main(){
    int i;
    f1();
    cout<<"This is test!"<<endl;
    f1();
    return 0;
}
```

该程序结果如下：

```
******************
This is test!
******************
```

在例 19-2 中，main() 调用了 f1()——f1() 作为 main() 中的一条语句使用。此时函数类型为 void 类型（空类型）且没有返回值。

被调函数类型为空类型（void）时，表示该函数没有返回值，此时被调函数作为一条自定义语句出现在主调函数中。这种形式的被调函数即为用户自定义指令。

（2）作为数据使用。在例 19-1 中，main() 调用了 js()，js() 函数类型为 int，所以 js() 作为一个整型数据出现在 main() 的语句中。

被调函数类型为非空类型时，表示该函数有返回值且返回值类型也是非空类型，此时被调函数作为一个该类型的数据出现在主调函数的语句中。

小知识

所谓非空类型是指除 void 以外的任意类型。

19.3 函数的嵌套与递归

1. 函数嵌套

函数的嵌套调用简称函数嵌套，是指在一个函数中调用另一函数，而这个另一函数又调用其他函数的形式。函数不能嵌套定义是指不能在一个函数内再定义另外的函数，但是允许嵌套调用。函数嵌套的执行过程如图 19-7 所示。

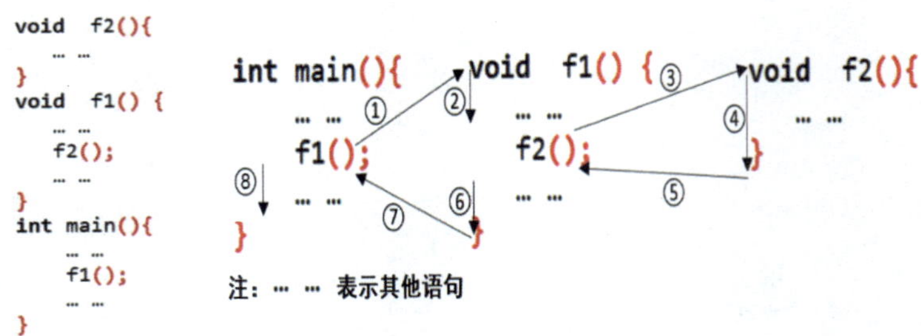

图 19-7　函数嵌套的执行过程

main() 执行到调用 f1() 时：

① main() 暂停执行转去执行 f1();

② f1() 执行到调用 f2();

③ f1() 暂停执行转去执行 f2() ;

④ f2() 执行直到结束;

⑤ f2() 结束返回至 f1() 调用处;

⑥ f1() 继续执行直到结束;

⑦ f1() 执行结束返回至 main() 调用处;

⑧ main() 继续执行，直至程序结束。

上述过程很好地解释了“程序从主函数开始执行到主函数结束”的过程。

2. 函数递归

（1）递归的概念。函数的递归调用简称函数递归，是指函数自身调用自身，这是一类特殊的函数嵌套。

【例 19-3】 阅读代码清单 19-3，写结果。

代码清单 19-3

```
#include <iostream>
using namespace std;
int fact(int n) {
    if (n==0)
            return 1;
    else
            return  n*fact (n-1);
}
int main(){
     int n,k;
```

```
    cin>>n;
    k=fact(n);
    cout<<n<<"!="<<k<<endl;
    return 0;
}
```

样例输入：

```
2
```

样例输出：

```
2!=2
```

例 19-3 是用递归方式实现的阶乘功能。该程序的执行过程如图 19-8 所示。

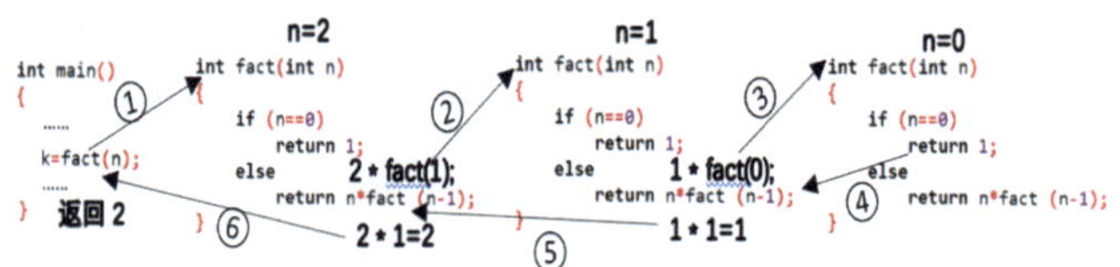

图 19-8　函数递归程序的执行过程

当 n 初始为 2 时：

① main() 调用 fact(2) 时，main() 暂停执行，调用 fact(2)；

② 执行 fact(2) 中“return 2*fact(1);”时，fact(2) 暂停执行，调用 fact(1)；

③ 执行 fact(1) 中“return 1*fact(0);”时，fact(1) 暂停执行，调用 fact(0)；

④ 执行 fact(0) 中“return 1;”时，fact(0) 返回值为 1，返回至 fact(1) 调用处；

⑤ 执行 fact(1) 中“return 1*1;”时，fact(1) 返回值为 1，返回至 fact(2) 调用处；

⑥ 执行 fact(2) 中“return 2*1;”时，fact(2) 返回值为 2，返回至 main() 调用处；

同学们可自行推导当 n 初始为其他值时递归的执行过程。

（2）递归的一般格式。根据例 19-3，给出递归函数的一般格式如下：

数据类型　函数名（形参列表）{

```
if< 递归结束条件 >return 返回值；
else  return 函数名(参数改变量);
}
```

由此可见，构成递归需要具备两个条件：其一，必须有结束条件和结束值；其二，参数改变量使参数向结束条件发展。

（3）递归与循环的关系。递归是循环的一种变形，递归是一种反向执行的循环，即从结束条件开始到初始值反向执行循环体。

这里以例 19-3 为例说明递归与循环的关系，如表 19-1 所示。

表 19-1　递归与循环的关系

循环四要素	递归中的运算
循环初值	主调函数给出递归参数的初始值 n
终止循环条件	使递归结束的条件 if(n==0) return 1;
循环体	递归的运算 n*fact(n-1);
使循环趋于结束的部分	使递归趋于结束的部分递归参数传递 n=n-1;

（4）递归与数组的关系。大部分递归操作可以想象为数组运算，如例 19-3 中当 n=2 时的操作说明，如表 19-2 所示。

表 19-2　例 19-3 中当 n=2 时的操作说明

递归函数	数组运算

int fact (int n) {
if(n==0) return 1;
else return n*fact(n-1);
	fact[0]=1;

	fact[1]=1*fact[0]；n=1
	fact[2]=2*fact[1]；n=2 结束

19.4　局部变量与全局变量

1. 局部变量

局部变量是指在函数内部定义的变量。前面所有例题中的变量都是在函数内定义的，因此都是局部变量。

局部变量的作用域（即起作用的范围）是从定义点到函数结束，即局部变量只在定义它的函数内有效。由于局部变量的作用域仅局限于本函数内，因此，在不同函数中局部变量名可以相同，它们分别代表不同的对象，互不干扰。例 19-1 的 js() 和 main() 中都定义了 i 变量，但两者的作用域不同。

2. 全局变量

全局变量是指在函数外定义的变量。其作用域是从变量的定义点到程序结束，即在变量定义之后的所有函数都可以访问该全局变量。

全局变量和局部变量可以同名，但在局部变量的作用域内全局变量无效。当全局变量没有初始化时默认初始值为 0，局部变量没有初始化时默认初始值不确定。

由于全局变量的作用域可以覆盖整个程序，因此可以作为共享数据在不同函数中传递数据。在函数调用中，可以通过参数从主调函数向被调函数传递数据（实参传给形参），也可以通过返回值从被调函数向主调函数传递数据，但二者都是单向传递，即只能向一个方向传递数据。而全局变量既可以在主调函数中使用，又可以在被调函数中使用，实现了数据的双向传递。

【例 19-4】 阅读代码清单 19-4，写结果。

代码清单 19-4

```
#include <iostream>
using namespace std;
int x,y;
int fun1(int s) {
    int x=10;
    y=x*s;
    return x+y;
}
int main(){
    int n;
    cin>>n;
    cout<<"fun1(n)="<<fun1(n)<<endl;
    cout<<"x="<<x<<",y="<<y<<endl;
    return 0;
}
```

样例输入：

```
5
```

样例输出：

```
fun1(n)=60
x=0,y=50
```

程序执行中变量的变化情况如下：

（1）第 3 行定义了两个全局整型变量 x 和 y，默认初始值为 0；

（2）第 4 行根据 main() 的输入，调用 fun1() 时形参 s=5；

（3）第 5 行 fun1() 中定义了局部变量 x 并初始化为 10，从第 6 行到函数结束是局部变量 x 的作用域，全局变量 x 无效；

（4）第 6 行 fun1() 中对 y 赋值，因为 fun1() 中没有定义变量 y，所以是全局变量 y，而 x 为局部变量，所以 y 为 50；

（5）第 7 行 fun1() 中返回 x+y，此时是局部变量 x 和全局变量 y 相加结果返回，返回值为 60；

（6）第 12 行输出 fun1() 返回值 60；

（7）第 13 行输出的 x 为全局变量 x，值为 0；输出的 y 为全局变量 y，值为 50。

本课主要介绍了以下内容。

（1）函数的定义和声明。

（2）函数的调用和返回。

（3）函数的嵌套和递归。

（4）局部变量与全局变量。

（5）本节课学到的关键字：void 和 return。

练习 19-1　阅读代码清单 19-5，写结果。

代码清单 19-5

```
#include<iostream>
using namespace std;
int max(int x,int y,int z){
    if(x>y&&x>z)return x;
    else if(y>x&&y>z)return y;
    else  return z;
}
int main(){
     int x1,x2,x3,i=1,j,x0;
      cin>>x1>>x2>>x3;
```

```
    x0=max(x1,x2,x3);
    while(1){
        j=x0*i;
        if(j%x1==0&&j%x2==0&&j%x3==0)break;
        i++;
    }
    cout<<j<<endl;
  return 0;
}
```

设输入如下：

```
2 4 8 <CR>
```

输出结果为__________。

提示

<CR>表示回车换行。本程序求3个数的最小公倍数。

练习19-2　阅读代码清单19-6，写结果。

代码清单 19-6

```
#include<iostream>
using namespace std;
int age(int n){
    if(n==1) return 10;
    else return age(n-1)+2;
}
int main(){
    int n=5;
    cout<<age(n);
    return 0;
}
```

结果为__________。

练习19-3　阅读代码清单19-7，写结果。

代码清单 19-7

```
#include<iostream>
using namespace std;
void fun1(),fun2(),fun3();
int main(){
```

```
    cout<<"It's in main()."<<endl;
    fun2();
    cout<<"It's back in main().\n";
    return 0;
}
void fun1(){
    cout<<"It's in fun1().\n";
    fun3();
    cout<<"It's back in fun1().\n";
}
void fun2(){
    cout<<"It's in fun2().\n";
    fun3();
    cout<<"it's back in fun2().\n";
}
void fun3(){
    cout<<"It's in fun3().\n";
}
```

结果为__________。

练习 19-4　阅读代码清单 19-8，写结果。

代码清单 19-8

```
#include<iostream>
using namespace std;
void move(char g,char p){
    cout<<g<<"——>"<<p<<endl;
}
void hanoi(int n,char one,char two,char three){
    if(n==1)move(one,three);
    else{
            hanoi(n-1,one,three,two);
            move(one,three);
            hanoi(n-1,two,one,three);
    }
}
int main(){
    hanoi(3,'A','B','C');
    return 0;
}
```

结果为__________。

提示

此递归程序为 3 层汉诺塔的实现过程。

练习 19-5　阅读代码清单 19-9，写结果。

代码清单 19-9

```
#include<iostream>
using namespace std;
const int MAX=10;
int a[MAX],i;
void sub1(){
    for(i=0;i<MAX;i++)
            a[i]=i+i;
    return;
}
void sub2(){
    int a[MAX],i,max;
    max=5;
    for(i=0;i<max;i++)
            a[i]=i;
    return;
}
void sub3(int a[]){
    int i;
    for(i=0;i<MAX;i++)
            cout<<a[i];
    cout<<endl;
    return;
}
int main(){
   sub1();
   sub3(a);
   sub2();
   sub3(a);
   return 0;
}
```

结果为__________。

第 20 课　卡路的历练 6：函数举例

学完函数编程，卡路又开始了历练之旅。

【例 20-1】 进制转换。

编程输入十进制整数 N（N 取值范围为 –32767 ~ 32767），请输出它对应的二进制数和八进制数。

样例输入：

```
26
```

样例输出：

```
26 turn into 2:
11010
26 turn into 8:
32
```

【**数学分析**】

这是一道数制转换的问题，将十进制整数转换成二进制数和八进制数，可以看作将十进制整数转换成 R 进制的数。

算法是 N **除以** R **取余，再将余数倒过来写，即是转换后的** R **进制数**（**除** R **取余倒序**）。

例如：$(26)_{10}=\underline{11010}_{2}$　　$(26)_{10}=\underline{32}_{8}$ 转换过程如图 20-1 所示。

【**算法描述**】

包含两个函数：进制转换函数 `TurnData(n,r)`；主函数 `main()`。

函数 1：`TurnData`（**待转换数据** n，**进制** r）。

`TurnData` 函数中的参数不需要把什么值返回给主程序，因此设为 `void` 即可。

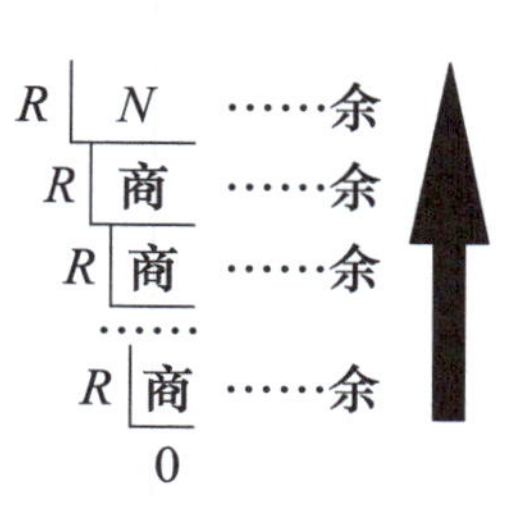

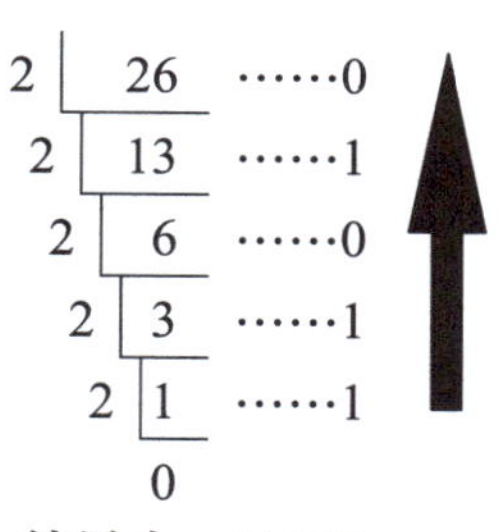

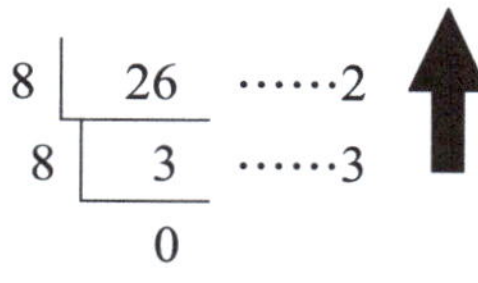

图20-1　转换过程

（1）定义数组 data[20] 存放转换后数据，初始化数组元素为 0，循环变量 i，初始化为 0。

（2）输入无。

（3）负数转正数：如果 n<0，那么输出“-”，执行 n=-n。取余：当待转数据 n≠0 时，循环执行 data[i]=n%r（取余）；n=n/r（变 n）；i++（自增）。

（4）倒序输出 data，从 i-1 ～ 0 循环，输出 data[i]。

函数 2：主函数 main()。

（1）定义待转换数据 n。

（2）输入 n。

（3）若数据转成二进制输出，则调用 TurnData(n,2);语句；若数据转成八进制输出，则调用 TurnData(n,8);语句。

（4）输出无。

进制转换问题的程序实现如代码清单 20-1 所示。

代码清单 20-1

```
#include <iostream>
using namespace std;
void TurnData(int n,int a);//函数声明
int main(){
    int n;
    cin>>n;
    TurnData(n,2);        //n转成二进制数
    TurnData(n,8);        //n转成八进制数
    return 0;
}
void TurnData(int n,int r){
    int data[20]={0},i=0;
```

```
    cout<<n<<" turn into "<<r<<"  : "<<endl;
    if (n<0) {                          //负数转正数
     cout<<'-';
       n = -n;
   }
    while(n!=0) {           //取余
       data[i++]=n%r;
            n=n/r;
    }
    for (i=i-1;i>=0;--i)  //倒序输出
        cout<<data[i];
    cout<<endl;
}
```

【例 20-2】计算组合数。

一般地说，从 n 个不同的元素中取出 m（$m \leqslant n$）个元素并成一组，叫作从 n 个不同元素中取出 m 个元素的一个组合。其中 m 个元素顺序无关。

从 n 个不同元素中取出 m（$m \leqslant n$）个元素的所有组合的个数，叫作从 n 个不同元素中取出 m 个元素的组合数，用符号C_n^m表示。

$$C_n^m = \frac{n!}{m! \times (n-m)!}$$

卡路的朋友聚会来了 10 位朋友，见面后每两人之间都要握手相互问候，请编程统计共需握手多少次。

样例输入：无

样例输出：

```
55
```

【数学分析】

朋友聚会中连同卡路在内一共 11 个人，每两人握手一次就完成这一件事，则共有握手次数为：

$$C_{11}^2 = \frac{11!}{2! \times (11-2)!} = 55$$

程序中多次用到阶乘功能，我们可以定义一个函数 fac(n) 来计算 $n!$。

【算法描述】

函数 1：求 x 的阶乘的函数 fac(x)。

（1）定义阶乘结果变量 s，并初始化为 1。

（2）输入无。

（3）循环 i 从 1 到 x：s*=i。

（4）返回 s。

函数 2：主函数 main()。

（1）定义变量 n=11，m=2。

（2）输入无。

（3）计算无。

（4）输出 $\frac{\texttt{fac(n)}}{\texttt{fac(n-m)*fac(m)}}$。

计算组合数的程序实现如代码清单 20-2 所示。

代码清单 20-2

```
#include <iostream>
using namespace std;
int fac(int x);                               //阶乘函数的声明
int main(){
    int m=2,n=11;
    cout<<fac(n)/(fac(n-m)*fac(m)); //阶乘函数的调用
    return 0;
}
int fac(int x) {                              //定义阶乘函数
    int i,s=1;
    for(i=1;i<=x;i++)
        s*=i;
    return s;                                 //返回阶乘函数的值
}
```

【例 20-3】 机器翻译。

机器翻译是人工智能的一个分支，是指利用计算机把一种自然语言（如英语）转变为另一种自然语言（如汉语）。

最简单的中英机器翻译顺序是从头到尾，依次将每个英文单词用对应的中文含义加以替换。对每个英文单词，软件会先在内存中查找这个单词的中文含义，如果内存中有，软件就会用它替换；如果内存中没有，软件就会在外存中的词典内查找，查出单词的中文含义然后翻译，并将这个单词和译义放入内存，以备后续的查找和翻译。

假设内存中有 M 个单元，每个单元存放一个单词和译义。每当软件将一个新单词存入内存前，若当前内存中已存入的单词数不超过 $M-1$，软件会将新单词存入一个未使用的内存单元；若内存中已存入 M 个单词，软件会清空最早进入内存的那个单词，空出单元以存放新单词。

假设一篇英语文章的长度为 N 个单词。给定这篇待译文章，翻译软件需要去外存查找多少次词典？假设在翻译开始前，内存中没有任何单词。

输入：共两行。每行中两个数之间用一个空格隔开。第一行为两个正整数 M 和 N，代表内存容量和文章的长度。第二行为 N 个非负整数，按照文章的顺序，每个数（大小不超过 1000）代表一个英文单词。文章中的两个单词，当且仅当它们对应的非负整数相同时，则说它们是同一个单词。

输出：共 1 行，包含一个整数，即软件需要查词典的次数。

样例输入：

```
3 7
1 2 1 5 4 4 1
```

样例输出：

```
5
```

整个查字典过程如表 20-1 所示，每行表示一个单词的翻译。

表 20-1　查字典过程

序号	内存（容量 =3）	动作
1	1	查找单词 1 并调入内存
2	1 2	查找单词 2 并调入内存
3	1 2	在内存中找到单词 1
4	1 2 5	查找单词 5 并调入内存
5	2 5 4	查找单词 4 并调入内存替代单词 1
6	2 5 4	在内存中找到单词 4
7	5 4 1	查找单词 1 并调入内存替代单词 2
共计查了 5 次词典		

【数学分析】

本程序本质上是存储管理中先进先出（First-In First-Out，FIFO）页面替换算法的应用。

首先设置一个数组 mem 来模拟内存，输入内存单元数 M，即为数组上限。

然后循环 n 次，每次读入一个单词编号，如果这个单词不在内存中，那么按照先进先出顺序调入内存（mem[(count)%m]=word），并计入次数 count++；否则，什么都不做。最后输出次数 count。

可以采用函数来分解程序功能，函数调用过程如图 20-2 所示。

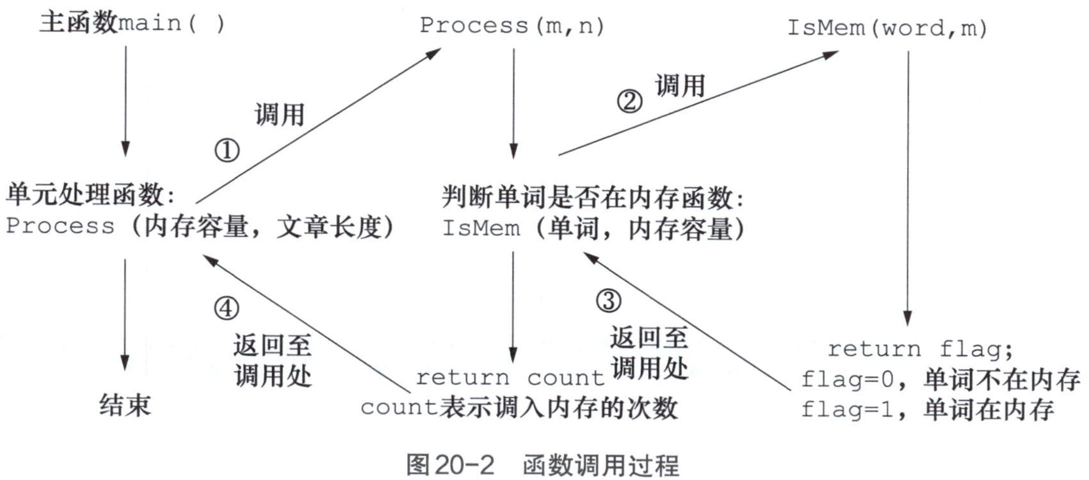

图20-2　函数调用过程

【算法描述】

本程序定义 3 个函数：第一个，判断是否在内存函数 IsMem(word,m)；第二个，处理函数 Process(m,n)；第三个，主函数 main()。

定义表示内存的全局数组 mem[1000]。

主函数 main() 的作用如下。

（1）定义内存容量 m 和文章长度 n。

（2）输入 m 和 n。

（3）调用处理函数 Process(m,n)，并输出结果。

（4）输出包含在（3）中。

处理函数 Process(m,n) 的作用如下。

（1）定义循环变量 i，单词编号 word，单词是否在内存标志 flag（0 表示单词不在内存，1 表示单词在内存），调入内存次数 count 并初始化为 0。

（2）输入包含在（3）中。

（3）循环遍历文章长度，i 从 0 到 n-1；输入单词编号 word；调用判断是否在内存函数 IsMem(word,m)，并将结果返回给 flag；如果该单词不在内存中

flag==0，那么把单词调入内存（mem[count%m]=word），同时调入内存的次数加 1（count++）。

（4）返回 count。

判断是否在内存函数 IsMem(word,m)**，的作用如下。**

（1）定义循环变量 i，单词是否在内存标志 flag（0 表示单词不在内存，1 表示单词在内存）。

（2）输入无。

（3）若 flag=0，循环遍历内存，i 从 0 到 m-1：若 word 在内存中（word==mem[i]），那么 flag=1，终止循环。返回 flag。

机器翻译问题的程序实现如代码清单 20-3 所示。

代码清单 20-3

```
#include <iostream>
using namespace std;
int mem[1000];
int Process(int,int);
int IsMem(int,int);
int main(){
    int m,n;
    cin>>m>>n;
    cout<<Process(m,n)<<endl;
    return 0;
}
int Process(int m,int n){
    int i,flag,word,count=0;
    for(i=0;i<n;i++)        {
            cin>>word;
            flag=IsMem(word,m);
            if(flag==0) {
                    mem[count%m]=word;
                    count++;
            }
    }
    return count;
}
int IsMem(int word,int m) {
    int i,flag=0;
    for(i=0;i<m;i++)        {
```

```
            if(word==mem[i]) {
                flag=1;
                break;
            }
        }
    return flag;
}
```

【例 20-4】 维吉尼亚（Vigenère）密码。

16 世纪法国外交家 Blaise de Vigenère 设计了一种多表密码加密算法——Vigenère 密码。Vigenère 密码的加密解密算法简单易用，且破译难度比较高，曾在美国南北战争中为南军所广泛使用。

在密码学中，我们称需要加密的信息为明文，用 M 表示；称加密后的信息为密文，用 C 表示；而密钥是一种参数，是将明文转换为密文或将密文转换为明文的算法中输入的数据，记为 k。在 Vigenère 密码中，密钥 k 是一个字符串，$k= k_1, k_2, \cdots, k_n$。当明文 $M = m_1, m_2, \cdots, m_n$ 时，得到的密文 $C = c_1, c_2, \cdots, c_n$，其中 $c_i = m_i®k_i$。® 运算的规则如图 20-3 所示。

®	A	B	C	D	E	F	G	H	I	J	K	L	M	N	O	P	Q	R	S	T	U	V	W	X	Y	Z
A	A	B	C	D	E	F	G	H	I	J	K	L	M	N	O	P	Q	R	S	T	U	V	W	X	Y	Z
B	B	C	D	E	F	G	H	I	J	K	L	M	N	O	P	Q	R	S	T	U	V	W	X	Y	Z	A
C	C	D	E	F	G	H	I	J	K	L	M	N	O	P	Q	R	S	T	U	V	W	X	Y	Z	A	B
D	D	E	F	G	H	I	J	K	L	M	N	O	P	Q	R	S	T	U	V	W	X	Y	Z	A	B	C
E	E	F	G	H	I	J	K	L	M	N	O	P	Q	R	S	T	U	V	W	X	Y	Z	A	B	C	D
F	F	G	H	I	J	K	L	M	N	O	P	Q	R	S	T	U	V	W	X	Y	Z	A	B	C	D	E
G	G	H	I	J	K	L	M	N	O	P	Q	R	S	T	U	V	W	X	Y	Z	A	B	C	D	E	F
H	H	I	J	K	L	M	N	O	P	Q	R	S	T	U	V	W	X	Y	Z	A	B	C	D	E	F	G
I	I	J	K	L	M	N	O	P	Q	R	S	T	U	V	W	X	Y	Z	A	B	C	D	E	F	G	H
J	J	K	L	M	N	O	P	Q	R	S	T	U	V	W	X	Y	Z	A	B	C	D	E	F	G	H	I
K	K	L	M	N	O	P	Q	R	S	T	U	V	W	X	Y	Z	A	B	C	D	E	F	G	H	I	J
L	L	M	N	O	P	Q	R	S	T	U	V	W	X	Y	Z	A	B	C	D	E	F	G	H	I	J	K
M	M	N	O	P	Q	R	S	T	U	V	W	X	Y	Z	A	B	C	D	E	F	G	H	I	J	K	L
N	N	O	P	Q	R	S	T	U	V	W	X	Y	Z	A	B	C	D	E	F	G	H	I	J	K	L	M
O	O	P	Q	R	S	T	U	V	W	X	Y	Z	A	B	C	D	E	F	G	H	I	J	K	L	M	N
P	P	Q	R	S	T	U	V	W	X	Y	Z	A	B	C	D	E	F	G	H	I	J	K	L	M	N	O
Q	Q	R	S	T	U	V	W	X	Y	Z	A	B	C	D	E	F	G	H	I	J	K	L	M	N	O	P
R	R	S	T	U	V	W	X	Y	Z	A	B	C	D	E	F	G	H	I	J	K	L	M	N	O	P	Q
S	S	T	U	V	W	X	Y	Z	A	B	C	D	E	F	G	H	I	J	K	L	M	N	O	P	Q	R
T	T	U	V	W	X	Y	Z	A	B	C	D	E	F	G	H	I	J	K	L	M	N	O	P	Q	R	S
U	U	V	W	X	Y	Z	A	B	C	D	E	F	G	H	I	J	K	L	M	N	O	P	Q	R	S	T
V	V	W	X	Y	Z	A	B	C	D	E	F	G	H	I	J	K	L	M	N	O	P	Q	R	S	T	U
W	W	X	Y	Z	A	B	C	D	E	F	G	H	I	J	K	L	M	N	O	P	Q	R	S	T	U	V
X	X	Y	Z	A	B	C	D	E	F	G	H	I	J	K	L	M	N	O	P	Q	R	S	T	U	V	W
Y	Y	Z	A	B	C	D	E	F	G	H	I	J	K	L	M	N	O	P	Q	R	S	T	U	V	W	X
Z	Z	A	B	C	D	E	F	G	H	I	J	K	L	M	N	O	P	Q	R	S	T	U	V	W	X	Y

图20-3 ®运算的规则

Vigenère 加密在操作时需要注意。

（1）® 运算忽略参与运算的字母的大小写，并保持字母在明文 *M* 中的大小写形式。

（2）当明文 *M* 的长度大于密钥 *k* 的长度时，将密钥 *k* 重复使用。

例如，明文 *M* 为 Helloworld、密钥 *k* 为 abc 时，密文 *C* 为 Hfnlpyosnd，如图 20-4 所示。

明文	H	e	l	l	o	w	o	r	l	d
密钥	a	b	c	a	b	c	a	b	c	a
密文	H	f	n	l	p	y	o	s	n	d

图 20-4　示例

输入：共两行，第一行为一个字符串，表示密钥 *k*，长度不超过 100，其中仅包含大小写字母。第二行为一个字符串，表示经加密后的密文，长度不超过 1000，其中仅包含大小写字母。

数据说明：对于 100% 的数据，输入的密钥的长度不超过 100，输入的密文的长度不超过 1000，且都仅包含英文字母。

输出：共 1 行，一个字符串，表示输入密钥和密文所对应的明文。

样例输入：

```
CompleteVictory
Yvagpxaimmklongnzfwpvxmniytm
```

样例输出：

```
Wherethereisawillthereisaway
```

【数学分析】

此程序是一个解密问题，可先构造密码本（见图 20-5），然后根据密文和密钥直接找到明文。例如，已知密钥是 *C*，密文是 *Y*，则根据密码本，找到明文 *W*。

如果用一个 26×26 的二维数组来表示密码本，题目就变成了已知数组的行下标和内容求列下标问题，循环遍历二维数组找列下标即可。

关于保持大小写问题，只需增加一个标志 flag 来记录密文的大小写（可以用 0 表示小写，1 表示大写），从而根据 flag 的状态确定明文的大小写。

关于行、列下标序号与字母的转换问题，采用 (序号 +'A') 或者 (序号 +'a') 即可。

当然，还可以有其他解法，例如，可直接按照密码本规律计算明文等，同学们可自行研究。

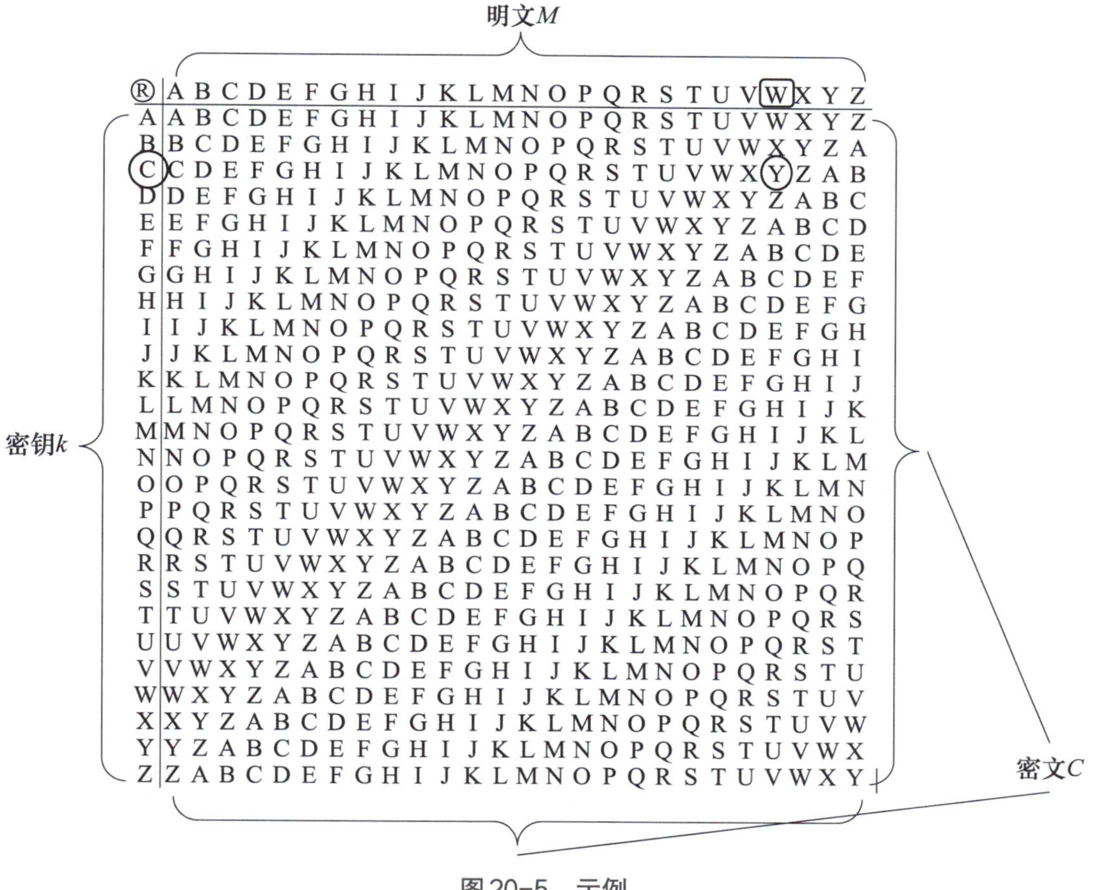

图20-5　示例

【算法描述】

本程序定义 3 个函数：构造密码本函数 `init()`、解密函数 `work()` 以及主函数 `main()`。

定义全局变量、密文字符串 c、密钥字符串 k，以及字符密码本 `k_tab[26][26]`；

主函数 `main()` 的作用如下。

（1）定义无。

（2）`getline` 输入字符串 k 和 c。

（3）调用 init() 函数生成密码本，调用 work() 函数解密并输出明文。

（4）输出包含在（3）中。

构造密码本函数 init() 的作用如下。

（1）定义循环变量 i 和 j，定义密码本中密文字符 ch，并初始化为 'a'。

（2）输入无。

（3）循环 i 从 0 到 25，执行如下命令。

① 循环 j 从 0 到 25。如果密文字符 ch+j>'z'，那么密码本 [i][j]=ch+j-26;（注意：减 26 是字母大于 z 时循环回 a 开始）；否则，密码本 [i][j]=ch+j;。

② ch+=1; 表示开始执行下一行。

（4）输出无。

解密函数 work() 的作用如下。

（1）定义循环变量 i 和 j、行下标 row、密钥长度 len，以及大小写标志 flag（0 是小写，1 是大写），定义密文字符 text。

（2）输入无。

（3）循环 i 从 0 到密文长度，执行如下命令。

① 密文大小写标志 flag 设为 0（假设为小写）。

② 密钥长度 len= 密文长度 % 密钥长度。

③ 密钥字符转成行序号，如果 k[len]<97，那么行下标 row=k[len]-65（大写字母转行下标）；否则，row=k[len]-97（小写字母转成行下标）。

④ 取密文转成小写存入 text，如果是大写则 flag 置为 1。

⑤ 根据密钥行号遍历一行，找密文 text，找到了记录列下标即为明文序号 (k_tab[row][j]==text)。

⑥ 根据 flag，输出大或小写明文 (char)(j+'a') 或 (char)(j+'A')。

（4）输出包含在（3）中。

维吉尼亚密码问题的程序实现如代码清单 20-4 所示。

代码清单 20-4

```
#include <iostream>
#include <string>
```

```
using namespace std;
string k,c;
char k_tab[26][26];
void init() {
    int i,j;
    char ch='a';
    for(i=0;i<26;i++) {
        for(j=0;j<26;j++) {
            if(ch+j>'z') k_tab[i][j]=ch+j-26;
            else  k_tab[i][j]=ch+j;
        }
    ch++;
    }
}
void work(){
  int i,j,row,len,flag;
  char text;
   for(i=0;i<c.size();i++) {
            flag=0;
     len=i%k.size();
     if(k[len]<97)row=k[len]-65;
     else row=k[len]-97;
     if(c[i]<97)text=c[i]+32,flag=1;
     else text=c[i];
     for(j=0;j<26;j++)
     if(k_tab[row][j]==text)break;
     if(flag==0)
     cout<<(char)(j+'a');
     else
         cout<<(char)char(j+'A');
  }
}
int main() {
   getline(cin,k);
   getline(cin,c);
   init();
   work();
  return 0;
}
```

【例 20-5】 聪明的贝贝。

卡路的朋友贝贝所掌握的词汇很少，所以每次做英语选择题的时候都很头疼。但是他找到了一种方法，经试验证明，用这种方法选择选项，选对的概率非常大！

这种方法的具体描述如下：假设 maxn 表示单词中出现次数最多的字母的出现次数，minn 表示单词中出现次数最少的字母的出现次数。如果 maxn–minn 是一个质数，那么贝贝就认为这是个 Lucky Word，这样的单词很可能就是正确的答案。

输入：只有 1 行，是一个单词，其中只出现小写字母，并且长度小于 100。

输出：共 2 行，第一行是一个字符串，假设输入的单词是 `Lucky Word`，那么输出 `Luck word`，否则输出 `No Answer`；第二行是一个整数，如果输入单词是 `Lucky Word`，输出 `maxn-minn` 的值，否则输出 0。

样例输入 1：

```
error
```

样例输出 1：

```
Luck word
2
```

样例输入 2：

```
olympic
```

样例输出 2：

```
No Answer
0
```

【数学分析】

本程序首先用求最大值和最小值的函数获取字母出现次数最多和最少之差，然后用判断质数的函数判断该数是否为质数。这两种方法在前面都有讲过，这里不再赘述。

【算法描述】

定义 3 个函数：计算最大值和最小值之差 `GetMaxMin(word)`、判断质数 `GetPrime(m)` 以及主函数 `main()`。

主函数 `main()` 的作用如下。

（1）定义单词字符串 `word`，字母出现的最多次数和最少次数之差 `m`，是否质数标志 `flag`（1 是质数，0 不是质数）。

（2）输入单词 word。

（3）调用计算最大值和最小值之差的函数 GetMaxMin(word)，并将结果返回给 m；调用判断质数函数 GetPrime(m)，并将结果返回给 flag。

（4）如果 flag==1 是质数，那么输出 Luck word 和 m；否则，输出 No Answer 和 0。

计算最大值和最小值之差 GetMaxMin(word) 的作用如下。

（1）定义 26 个字母出现次数数组 letter，最多出现次数 maxn，最少出现次数 minn，循环变量 i 和 j。

（2）输入无。

（3）计算处理。

① 记录单词中每个字母出现的次数存入数组 letter 对应元素。循环 i 从 0 到单词结尾（取第 i 个字母）；循环 j 从 0 到单词结尾（遍历整个单词）。如果字母 [i] 出现在单词中 (word[i]==word[j])，那么该字母个数加 1(letter[i]+=1)。

② 取最大值和最小值，即 maxn=minn=letter[0]; 语句。循环 i 从 1 到单词结尾：如果 maxn<letter[i]，那么执行 maxn=letter[i]; 语句；如果 minn>letter[i]，那么执行 minn=letter[i]; 语句。

（4）返回差值 maxn-minn。

判断质数 GetPrime(m) 的作用如下。

（1）定义循环变量 i 和质数标志 flag 并初始化为 1（假设是质数）。

（2）输入无。

（3）如果 m<2, 那么就不是质数，返回 flag=0，函数结束。循环 i 从 2 到 m/2，如果 m%i==0，那么就不是质数，flag=0，终止循环。

（4）返回 flag。

例 20-5 的程序实现如代码清单 20-5 所示。

代码清单 20-5

```
#include <iostream>
#include<string>
using namespace std;
```

```
int GetMaxMin(string word) {
    int letter[26]={0};
    int maxn=0,minn=0;
    int i,j;
    for(i=0;i<word.size();i++) {
        for(j=0;j<word.size();j++)
            if(word[i]==word[j])letter[i]+=1;
    }
    maxn=minn=letter[0];
    for(i=1;i<word.size();i++) {
            if(maxn<letter[i])maxn=letter[i];
            if(minn>letter[i])minn=letter[i];
    }
    return (maxn-minn);
}
int GetPrime(int m) {
    int i,flag=1;
    if(m<2) {
        flag=0;
        return flag;
    }
    for(i=2;i<=m/2;i++)
     if(m%i==0) {
        flag=0;
        break;
     }
    return flag;
}
int main(){
    string word;
    int m,flag;
    cin>>word;
    m=GetMaxMin(word);
    flag=GetPrime(m);
    if(flag==1)cout<<"Luck word"<<endl<<m<<endl;
    else cout<<"No Answer"<<endl<<0<<endl;
    return 0;
}
```

本课主要介绍了以下内容。

（1）进制转换。

（2）计算组合数。

（3）机器翻译。

（4）维吉尼亚密码。

（5）聪明的贝贝。

练习20-1　阅读代码清单20-6，写结果。

代码清单 20-6

```
#include<iostream>
using namespace std;
void fun_sort(int a[]){
        for(int i=0;i<4;i++)
             for(int j=0;j<4-i;j++)
               if(a[j]>a[j+1])
                 {int t=a[j];a[j]=a[j+1];a[j+1]=t;}
             return;
}
int main(){
    int a[5]={7,-3,4,2,5};
    fun_sort(a);
    for(int i=0;i<5;i++)
    cout<<a[i]<<" ";
  return 0;
}
```

结果为__________。

练习20-2　阅读代码清单20-7，写结果。

代码清单 20-7

```
#include<iostream>
using namespace std;
const int N=6;
void fun_tri(int a[][N]){
    int i,j;
    for(i=1;i<N;i++)
    {a[i][1]=1;a[i][i]=1;}
    for(i=3;i<N;i++)
      for(j=2;j<=i-1;j++)
       a[i][j]=a[i-1][j-1]+a[i-1][j] ;
    return ;
}
int main(){
    int a[N][N]={0};
```

```
    fun_tri(a);
    for(int i=1;i<N;i++){
      for(int j=1;j<=i;j++)
        cout<<a[i][j]<<" ";
    cout<<endl;
    }
    return 0;
}
```

结果为__________。

练习 20-3　程序填空。

已知代码清单 20-8 实现计算两个数之差的绝对值，请编写 abs_fun() 函数实现该功能。

代码清单 20-8

```
#include<iostream>
using namespace std;
int abs_fun(int x,int y){
    //实现该功能
}
int main(){
    int a=2,b=-3,c;
    c=abs_fun(a,b);
    cout<<c<<endl;
    return 0;
}
```

练习 20-4　矩阵最大值。

m 是一个 3×3 的整型矩阵，试编写一段程序，输入矩阵元素，输出其中最大值。要求用 `fun_max(int m)` 函数实现求最大值功能。

已知 `fun_max()` 函数原型为 `int fun_max(int m[3][3]);`，主函数调用语句为 `max=fun_max(m)` 。

输入：3 行，每行 3 个整数，即矩阵元素，每行整数用空格分隔。

输出：1 行，1 个整数，即元素最大值。

样例输入：

```
1 2 3
9 8 7
```

```
4 5 6
```

样例输出：

```
9
```

练习 20-5　斐波那契序列。

前文介绍过斐波那契序列（第 15 章），现在请编写一段程序，用函数递归方式求序列的第 10 项。

输入：无。

输出：一个整数，即序列的第 10 项值。

样例输入：无

样例输出：

```
55
```

第 21 课　谁是状元：结构体

班主任知道卡路编程学得很好，就请卡路帮忙编写一个程序，找出班级的数学“状元”。具体要求：输入学生的人数，然后再输入每位学生的数学分数和姓名，求获得最高分数的学生的姓名。

【例 21-1】 谁是状元。

输入：包括 n+1 行，第一行输入一个正整数 n（$n \leqslant 100$），表示学生人数。接着输入 n 行，每行格式如下：

分数 姓名 <CR>

分数是一个非负整数，且小于等于 100；

姓名为一个连续的字符串，中间没有空格，长度不超过 20。

<CR> 表示回车换行。

数据保证最高分只有一位同学。

输出：获得最高分数同学的姓名。

样例输入：

```
5
```

```
87 LiLei
99 HanMeiMei
97 Lily
100 Yoga
96 Lucy
```

样例输出：

```
Yoga
```

【数学分析】

本程序本质上是一个取最大值问题，已经做过多次，不再赘述。关键点在于如何构建一个既能表示分数又能表示姓名的类型来存放数据。

【算法描述】

（1）定义具有 100 个元素的结构体数组、循环变量 i、学生人数 n、最高成绩 max 和最高成绩下标 max_i。

（2）输入学生人数 n；循环 i 为 0～n，输入学生的分数和姓名。

（3）max=0 元素的成绩，max_i= 元素下标 0。

循环 i 从 1～n 中取最高成绩下标，如果 max<i 元素的成绩，那么 max=i 元素的成绩，max_i= 元素下标 i。

（4）输出 max_i 元素的姓名。

（1）我们知道多个相同类型的数据可以用数组存储，那么不同类型的数据能不能放在一起呢？

（2）结构体数据类型是怎样定义的？

（3）结构体变量是如何使用的？

例 21-1 的上机实现如代码清单 21-1 所示。

代码清单 21-1

```
#include <iostream>
#include<string>
using namespace std;
struct Student{
```

```
    int score;
    string name;
};
int main(){
    int n,i,max,max_i;
    Student s[100];
    cin>>n;
    for(i=0;i<n;i++)
            cin>>s[i].score>>s[i].name;
    max=s[0].score;
    max_i=0;
    for(i=1;i<n;i++)
            if(max<s[i].score) {
                    max=s[i].score;
                    max_i=i;
            }
    cout<<s[max_i].name<<endl;
    return 0;
}
```

21.1 结构体类型概述

在实际问题中，一组数据往往具有不同的数据类型。如例 21-1 中学生成绩是整型，姓名是字符串类型。再举个例子，全国人口大普查时，我们需要记录每一位公民的姓名、年龄、性别、住址和身份证号码等，这些信息的类型分别定义为整型、字符型和字符串型。为了解决问题，C++ 语言给出了一种构造数据类型——“结构体”。需要强调的是，结构体是一种新的数据类型而不是变量，它可以像其他基本数据类型（如整型、字符型等）那样使用（主要是定义变量），只不过这种类型是我们自己定义的。

21.2 定义结构体类型及变量

结构体类型和变量的定义有以下两种方式。

（1）定义结构体的同时定义结构体变量，如图21-1所示。

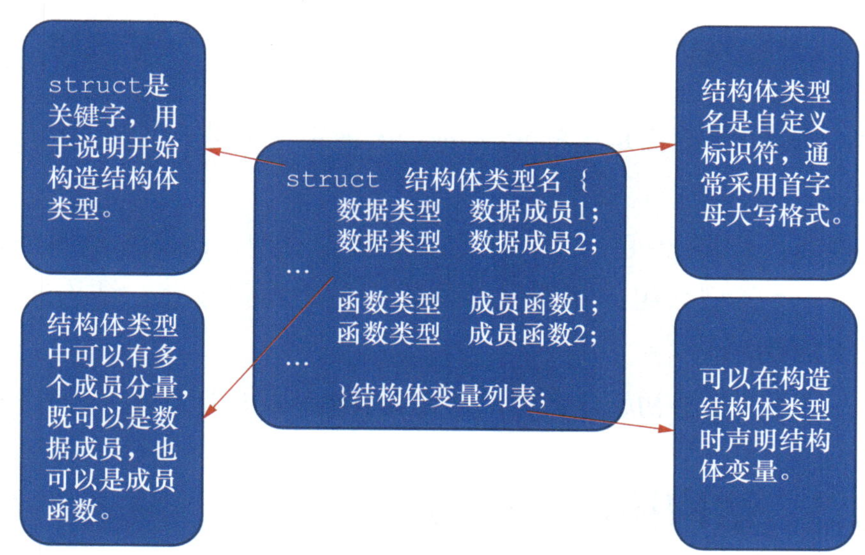

图21-1　结构体类型构造与结构体变量定义的说明

如下代码就采用这种形式构造结构体并定义结构体变量：

```
struct Student{
   int score;
   string name;
}s[100];
```

提示

尽管在C++的结构体类型中可以定义成员函数，但通常不会这样使用。结构体类型一般只定义若干个数据成员分量。

（2）先定义结构体再定义结构体变量。

```
struct 结构体名 {
数据成员列表;
成员函数列表;
};
…//其他代码
结构体类型名 结构体变量表;    //同样可以同时定义多个结构体变量
```

> **注 意**
>
> 在完成结构体构造时右大括号“}”后要加分号，这是与其他使用大括号的情况不同的地方。

例如，例 21-1 中就是这样定义的，这种定义方式与上一种方式的效果是相同的。

再次强调，Student 是一个自己定义的数据类型，s[100] 是一个具有 100 元素的 Student 类型数组。在定义结构体变量时需要注意，结构体变量名和结构体名不能相同。

另外，结构体支持初始化，可以定义为数组、成员运算等多种操作。

21.3 结构体成员调用

结构体变量中各个成员的调用使用成员选择运算符“.”。

调用的一般形式为

结构体变量名.成员名

成员选择运算符“.”优先级别在所有运算优先级中最高。例 21-1 中的第 13 行使用了该运算符。

```
12.     for(i=0;i<n;i++)
13.         cin >>s[i].score >>s[i].name;
```

【例 21-2】 谁拿的奖学金最多。

图21-2 谁拿的奖学金最多

【问题描述】

如图 21-2 所示，某校的惯例是在每学期的期末考试之后发放奖学金。发放的奖学金共有如下 5 种，获取的条件各自不同。

（1）院士奖学金，每人 8000 元，期末平均成绩高于 80 分（>80），并且在本学期内发表 1 篇或 1 篇以上论文的学生均可获得。

（2）五四奖学金，每人 4000 元，期末平均成绩高于 85 分（>85），并且班级评议成绩高于 80 分（>80）的学生均可获得。

（3）成绩优秀奖，每人 2000 元，期末平均成绩高于 90 分（>90）的学生均可获得。

（4）西部奖学金，每人 1000 元，期末平均成绩高于 85 分（>85）的西部省份学生均可获得。

（5）班级贡献奖，每人 850 元，班级评议成绩高于 80 分（>80）的学生干部均可获得。

只要符合条件就可以得奖，每项奖学金的获奖人数没有限制，每名学生也可以同时获得多项奖学金。例如，姚林的期末平均成绩是 87 分，班级评议成绩 82 分，同时他还是一位学生干部，那么他可以同时获得五四奖学金和班级贡献奖，奖金总数是 4850 元。

现在给出若干学生的相关数据，请计算哪些同学获得的奖金总数最高（假设总有同学能满足获得奖学金的条件）。

输入：共 n+1 行，第一行是一个整数 n（$1 \leqslant n \leqslant 100$），表示学生的总数。接下来的 n 行每行是一位学生的数据，从左向右依次是姓名、期末平均成绩、班级评议成绩、是否为学生干部、是否为西部省份学生以及发表的论文数。姓名是由大小写英文字母组成的长度不超过 20 的字符串（不含空格）；期末平均成绩和班级评议成绩都是 0 和 100 之间的整数（包括 0 和 100）；是否为学生干部和是否为西部省份学生分别用一个字符表示（Y 表示是，N 表示不是）；发表的论文数是 0 到 10 的整数（包括 0 和 10）。每两个相邻数据项之间用一个空格分隔。

输出共 3 行。第一行是获得最多奖金的学生的姓名，如果有两位或两位以上的学生获得的奖金最多，输出他们之中在输入时出现最早的学生的姓名；第二行是这位学生获得的奖金总数；第三行是这 n 位学生获得的奖学金的总数。

样例输入：

```
4
Yaolin 87 82 Y N 0
Chenruiyi 88 78 N Y 1
Lixin 92 88 N N 0
Zhangqin 83 87 Y N 1
```

样例输出：

```
Chenruiyi
9000
28700
```

【数学分析】

本题主要考察点是结构体的使用、多分支条件判断、求最大值和求总值 4 个问题。囿于篇幅，求总和以及求最大值的内容不予介绍。

（1）构建结构体与定义结构体变量。根据题意，我们构建一个具有 7 个成员的结构体类型 Student，如表 21-1 所示。

表 21-1　具有 7 个成员的结构体类型 Student

Student	结构体类型名
string name;	姓名
int ave_score;	期末平均成绩
int class_score;	班级评议成绩
char cadres;	是否为学生干部
char west;	是否为西部省份学生
int paper;	发表的论文数
int bouns;	获得奖金数

定义结构体数组，因为后面计算奖金数时采用累加，所以奖金数必须初始化。

```
Student s[100]={{" ",0,0,' ',' ',0,0}};
```

（2）多分支条件判断。

① 院士奖学金，每人 8000 元，期末平均成绩高于 80 分（>80），并且在本学期内发表 1 篇或 1 篇以上论文的学生均可获得。

```
if(s[i].ave_score>80&&s[i].paper>=1)s[i].bouns+=8000;
```

② 五四奖学金，每人 4000 元，期末平均成绩高于 85 分（>85），并且班级评议成绩高于 80 分（>80）的学生均可获得。

```
if(s[i].ave_score>85&&s[i].class_score>80)s[i].bouns+=4000;
```

③ 成绩优秀奖，每人 2000 元，期末平均成绩高于 90 分（>90）的学生均可获得。

```
if(s[i].ave_score>90)s[i].bouns+=2000;
```

④ 西部奖学金，每人 1000 元，期末平均成绩高于 85 分（>85）的西部省份学生均可获得。

```
if(s[i].ave_score>85&&s[i].west=='Y')s[i].bouns+=1000;
```

⑤ 班级贡献奖，每人 850 元，班级评议成绩高于 80 分（>80）的学生干部均可获得。

```
if(s[i].class_score>80&&s[i].cadres=='Y')s[i].bouns+=850;
```

因为每项奖学金的获奖人数没有限制，每名学生也可以同时获得多项奖学金。所以要用 5 个单分支结构，而不能用 if-else 结构。

【算法描述】

（1）构造 Student 结构体，定义 100 个元素的结构体数组并初始化。定义学生数量 n、循环变量 i、最高奖金数 max、最高奖金下标 max_i，以及总奖金数 total。

（2）输入学生人数 n。

循环 i 为 0～n-1：输入姓名 s[i].name，期末平均成绩 s[i].ave_score，班级评议成绩 s[i].class_score，是否为学生干部 s[i].cadres，是否为西部省份学生 s[i].west，发表的论文数 s[i].paper，根据条件分支计算奖金数 s[i].bouns。

（3）求总值和最大值。

执行 max=total=s[0].bouns; 和 max_i=0; 语句。循环 i 为 1～n-1，执行 total+=s[i].bouns; 语句，如果 max<s[i].bouns，那么 max=s[i].bouns,max_i=I。

（4）输出 s[max_i].name,s[max_i].bouns,total。

例 21-2 的程序实现如代码清单 21-2 所示。

代码清单 21-2

```
#include <iostream>
#include<string>
using namespace std;
struct Student {
    string name;
```

```
    int ave_score;
    int class_score;
    char cadres;
    char west;
    int paper;
    int bouns;
};
int main() {
    int n,i,max,max_i,total;
    Student s[100]={{" ",0,0,' ',' ',0,0}};
    cin>>n;
    for(i=0;i<n;i++)        {
      cin>>s[i].name>>s[i].ave_score>>s[i].class_score
                    >>s[i].cadres>>s[i].west>>s[i].paper;
            if(s[i].ave_score>80&&s[i].paper>=1)s[i].bouns+=8000;
            if(s[i].ave_score>85&&s[i].class_score>80)s[i].bouns+=4000;
        if(s[i].ave_score>90)s[i].bouns+=2000;
            if(s[i].ave_score>85&&s[i].west=='Y')s[i].bouns+=1000;
            if(s[i].class_score>80&&s[i].cadres=='Y')s[i].bouns+=850;
    }
    max=s[0].bouns;
    max_i=0;
    total=s[0].bouns;
    for(i=1;i<n;i++)        {
          if(max<s[i].bouns) {
                max=s[i].bouns;
                max_i=i;
          }
          total+=s[i].bouns;
    }
    cout<<s[max_i].name<<endl;
    cout<<s[max_i].bouns<<endl;
    cout<<total<<endl;
    return 0;
}
```

21.4 自定义数据类型名——typedef

目前学过的数据类型包括基本类型、数组类型、结构体类型等，C++ 为它们提供了默认的数据类型名称。我们也可以使用 typedef 自定义数据类型名称来代替这些默认类型名称。typedef 通常有 3 种用法，如下所示。

1. 为基本数据类型定义新类型名

C++ 的所有基本类型都可以利用 typedef 关键字来重新定义类型名。其格式为

typedef　已知类型名 新类型名；

功能：用新类型名代替已知类型名。

示例如下：

```
typedef float REAL;
REAL a ,b , c;//等价于float a , b, c
```

2. 为数组定义新类型名

其格式为

typedef　基本类型名 新类型名 [元素个数];

功能：定义一个新数组名。

示例如下：

```
typedef int ARRAY[10];
ARRAY a ,b , c;//等价于int a[10] , b[10], c[10]
```

3. 为结构体类型定义新类型名

其格式为

typedef struct 结构体类型名 {
各成员变量；
} 新结构体类型名；

功能：定义一个新结构体名。

示例如下：

```
typedef strcut stPoint{
int x;
int y;
}Point;
Point a ,b ,c;//等价于stPoint a,b,c
```

本课主要介绍了以下内容。

（1）结构体类型概述。

（2）结构体类型的构造以及变量定义。

（3）结构体成员的使用。

（4）本次课介绍的关键字包括 struct 和 typedef。

练习 21-1　阅读代码清单 21-3，写结果。

代码清单 21-3

```
#include<iostream>
using namespace std;
struct person{
    string name;
    int age;
};
int main(){
    person c[]={{"Zhang",13},
                                {"Wang",12},
                                {"Li",12}
                           };
    for(int i=0;i<3;i++)
     cout<<c[i].name<<"\t"<<c[i].age<<endl;
    return 0;
}
```

结果为__________。

练习 21-2　阅读代码清单 21-4，写结果。

代码清单 21-4

```
#include<iostream>
using namespace std;
struct N{
    int x;
    char c;
};
void func(N b){
    b.x=20;
    b.c='y';
    cout<<b.x<<" "<<b.c<<endl;
    return ;
```

```
}
int main(){
  N a={10,'x'};
  func(a);
  cout<<a.x<<" "<<a.c;
  return 0;
}
```

结果为__________。

练习21-3　阅读代码清单21-5，写结果。

代码清单　21-5

```
#include<iostream>
#include<string>
#include<algorithm>
using namespace std;
struct st{
   string name;
   int age;
};
//这是sort函数的第三个参数
//如果希望升序排序就是"<",降序排列就是">"
//如果希望用其他的成员作为排序条件,
//只需要把相应的条件改一下（如改成name),
//这样结构体就以name作为排序标准
bool cmp(st a,st b){
    return a.age<b.age;
}
int main(){
  st s[5];
  for(int i=0;i<5;i++)
    cin>>s[i].name>>s[i].age;
  sort(s,s+5,cmp);
   for(int i=0;i<5;i++)
    cout<<s[i].name<<" "<<s[i].age<<endl;
  return 0;
}
```

设程序输入：

```
Zhang 14
Wang 10
Li 13
Zhao 12
```

```
Liu 11
```

结果为__________。

提示

sort() 为排序函数。cmp() 是 sort() 函数的第三个参数，表示按年龄升序排列。

练习 21-4　阅读代码清单 21-6，写结果。

代码清单　21-6

```
#include<iostream>
using namespace std;
typedef int INT;
main(){
    INT a,b;
    a=5;
    b=-6;
    cout<<a<<" "<<b<<endl;
    {
    float INT;
    INT=3.14;
    cout<<INT<<endl;
      }
    INT x=9;
    cout<<x<<endl;
    return 0;
}
```

结果为__________。

练习 21-5　已知 3 位同学的姓名、语文、数学和英语成绩，如表 21-2 所示。

表 21- 2　学生成绩

姓名	语文成绩	数学成绩	英语成绩
Yoga	100	99	100
Beibei	98	98	97
Tian	99	100	98

请编写程序使用结构体数组存储 3 位同学的姓名和各科成绩，并输出每位同学的姓名和总成绩。

输入：无。

输出：3行，每行包含1个字符串和1个整数，即每位同学的姓名和总成绩，数据用 '\t' 分隔。

样例输入：无

样例输出：

```
Yoga 299
Beibei 293
Tian 297
```

提示

'\t' 是转义字符，表示跳到下一个区域开始处，一个区域是 4 个字符。

第 22 课　超级矩形面积：类和对象

【例 22-1】 超级矩形面积计算。

我们都知道矩形面积＝宽 × 高，如图 22-1 所示。

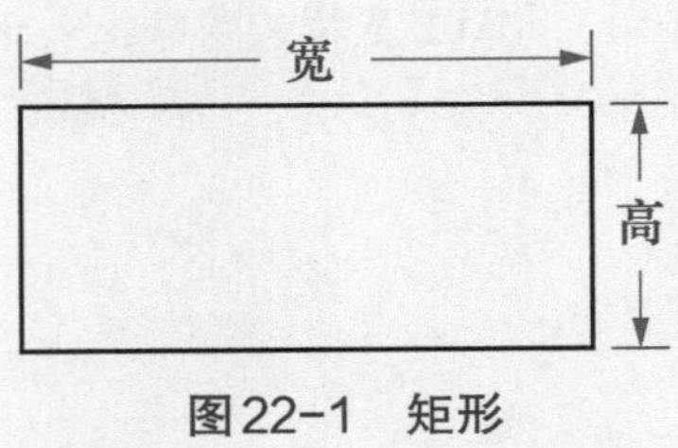

图22-1　矩形

下面是一个用类和对象实现的求矩形面积程序，输入矩形的宽（width）和高（height），求矩形面积。请阅读代码清单 22-1，并写出结果。

代码清单　22-1

```
#include <iostream>
using namespace std;
class CRectangle {                                   //定义类
   private:
           int width, height;                        //定义私有数据成员x,y
   public:
           CRectangle() {       }                    //定义无参构造函数，为空函数
     CRectangle(int a,int b) {                       //定义带参构造函数
          width=a;
                height=b;
     }
       void set_values(int,int);                     //声明公有成员函数set_values()
       int area(void) {                              //定义公有成员函数area()
              return (width*height);
     }
         ~CRectangle() { }                           //定义析构函数，为空函数
};
void CRectangle::set_values (int a, int b){          //类外定义公有成员函数
    width=a;
    height=b;
}
int main (){
    int      a,b;
   CRectangle rect1;
    CRectangle rect2(4,5);
   cin>>a>>b;
   rect1.set_values (a,b);
```

```
    cout << "area1: " << rect1.area()<<endl;
      cout << "area2: " << rect2.area()<<endl;
      return 0;
}
```

设输入：

```
3 4
```

则输出结果为________。

（1）什么是类？　　　　　　　　（2）什么是对象？

例 22-1 的输出结果为：

```
area1:   12
area2:   20
```

22.1　自定义数据类型——类

程序如何能够模块化？我们已经学过函数和结构体，它们一个是算法的模块化，一个是数据的模块化，二者能否结合呢？当然可以，类就是一种这样的自定义类型，它里面既可以有数据又可以有函数。

类类型定义格式如图 22-2 所示。

```
class CRectangle {                //定义类
  private:
    int width, height;            //定义私有数据成员 width和height
  public:
    CRectangle (){    }           //定义无参构造函数，为空函数
    CRectangle (int a,int b) {    //定义带参构造函数
        width = a;
        height = b;
    }
   void set_values (int,int);     //声明公有成员函数 set_values()
   int area (void) {              //定义公有成员函数 area()
       return (width*height);
```

```
class类名
{
private:
私有成员声明列表;
public:
公有成员声明列表;
protected:
保护成员声明列表;
};
```

图22-2　类类型定义格式

（1）定义类的关键字为 class，其功能与 struct 类似，不同之处是 class 可以包含变量和函数，而 struct 只包含变量。

（2）类名必须是合法的标识符，其后的大括号括起来的部分称为类体。类体以分号结尾，也就是说在右大括号后面要有分号。

（3）例 22-1 的 CRectangle 类中共有 7 个成员，两个整型变量和 5 个函数。类中的变量叫作数据成员，函数叫作成员函数，二者统称为成员。可以用类图来表示，如图 22-3 所示。

数据成员：width、height	
成员函数：	
不带参构造函数：	CRectangle();
带参构造函数：	CRectangle(int a,int b);
设置数据成员值：	set_values();
求面积：	area();
析构函数：	~CRectangle()

图 22-3　类图

（4）例 22-1 定义了两种权限的成员：private 和 public。类中的成员权限有 3 种 private（私有）、public（公有）和 protected（保护）。其默认值为 private。成员权限说明如表 22-1 所示。

表 22-1　成员权限说明

关键字	权限	说明	注释
private	私有成员可被同类的其他成员、友元访问	通常将数据成员权限定为私有，用于保护数据	各权限定义的顺序无关，可以先定义私有，也可以先定义公有，也可以不定义。例 22-1 中没有定义保护权限的成员
protected	保护成员可被同类的其他成员、友元和子类访问	权限介于私有和公有之间	
public	公有成员可被任何看到这个类的地方访问	通常将成员函数权限定为公有	

小知识

私有成员和公有成员的关系——如果把类比喻成电视机，那么私有成员就像旧式电视后面的黑盒子，而公有成员就像按钮。电视总是通过按钮来操作的，类中也是通过公有成员函数操作私有数据成员的，如图 22-4 所示。

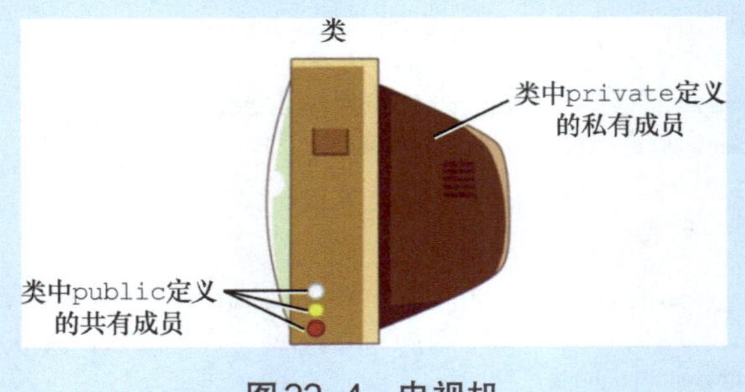

图 22-4　电视机

（5）例 22-1 中的 set_values(int,int) 函数用于完成数据成员的赋值，它是在类中声明、类外定义的成员函数。成员函数既可以在类内定义，也可以在类内声明、类外定义。在类外定义时须有类名限定，“::”称为类成员限定运算符，如图 22-5 所示。

```
18. void CRectangle::set_values (int a, int b) {    //类外定义公有成员函数
19.         width = a;
20.         height = b;
21. }
```

图22-5　类外定义成员函数

22.2　构造函数与析构函数

例 22-1 中第 7 行和第 8 行定义了两个构造函数。构造函数是一种特殊的成员函数，一般用来完成成员变量的初始化。为什么说特殊呢？

特殊 1：构造函数的名称就是类名。

特殊 2：构造函数没有返回值类型说明。

特殊 3：类中可以不定义构造函数，系统会自动添加。

另外，怎么会有两个同名的构造函数呢？原来，在 C++ 中可以定义多个同名的函数，这叫作函数重载。它们虽然名字相同，但函数体可以不同（功能不同）。重载的函数依靠参数个数不同来实现不同的调用。构造函数当然也可以重载，例 22-1 中的第 7 行和第 8 行两个构造函数，一个没有参数，一个有两个参数，就是靠参数个数加以区别的。

例 22-1 中的第 16 行定义了析构函数，它也是一种特殊的成员函数，名称是在类名前加上“~”符号，也没有返回值类型说明，且不能重载，只能有一个。它的作用通常是在对象结束时释放程序占用的内存。

22.3　类类型的变量——对象

例 22-1 中，在类外定义了 main() 函数，其中定义的类类型的变量叫作对象，主函数中主要是对对象的使用，所以 C++ 语言称为“面向对象的程序设计语言”。

1. 对象定义

例 22-1 中第 23 行定义了 a 和 b 两个变量是整型的。同样，第 24 行和第

25 行定义了 rect1 和 rect2 变量是 CRectangle 类类型的，类类型的变量就是对象，如图 22-6 所示。

```
23.    int          a,b;
24.    CRectangle rect1;
25.    CRectangle rect2(4,5);
```

图22-6　对象定义

rect1 和 rect2 这两个对象看起来有些不同啊，对了！ rect1 不带参数，rect2 带参数。对象定义的时候会自动调用构造函数，这两个对象根据参数不同，会自动调用不带参数的构造函数和带参的构造函数，如图 22-7 所示。

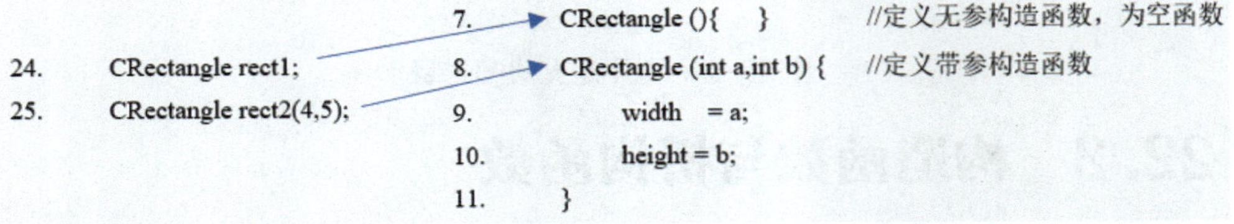

图22-7　对象定义自动调用构造函数

注 意

构造函数的作用一般是在定义对象时初始化数据成员。类中可以不定义构造函数，系统会自动添加一个类似第7行的空构造函数，这时只能定义类似第24行的无参对象。

2. 对象成员的访问

定义对象后，可以通过成员运算符 "." 访问对象的公有成员，但不能访问对象的私有成员。

例 22-1 中第 27 行用输入的 a、b 值代入第 12 行的 set_values(int,int) 函数。第 28 行因为是 rect1 对象调用，所以用输入的 a、b 值代入第 13 行函数计算 width*height，并将结果返回至调用处。第 29 行是 rect2 对象调用，所以用 4、5 代入第 13 行函数计算，并将结果返回至调用处，如图 22-8 所示。

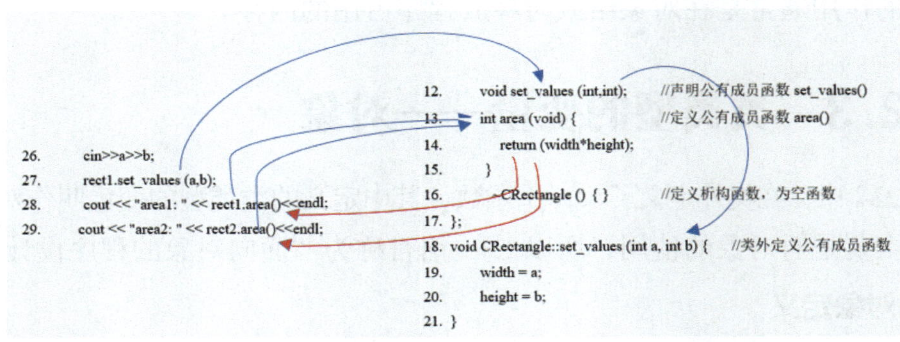

图22-8　对象成员的访问

【例22-2】 圆的问题。

世界上随处可见各种圆，它们有大有小，颜色各异，材质不同，应用在现实世界中的各个领域，如图22-9所示。无论是何种圆，都可以根据半径计算出圆的周长和面积。请你编写一个带有圆形类的程序，该类中应具有数据成员——半径，以及求面积、求周长的成员函数。该程序能够输入半径，输出圆的周长和面积。

图22-9　圆形物体

样例输入：

```
please input radiu:10
```

样例输出：

```
length:62.8
area:314
```

【数学分析】

设圆的半径用 r 表示，则：

圆的周长 $= 2\pi r$

圆的面积 $= \pi r^2$

例22-2的程序实现如代码清单22-2所示。

代码清单　22-2

```
#include <iostream>
using namespace std;
class CCircle {
    private:
           double  r;
    public:
        void set_values (double x) {
                r=x;
           }
         double circle_length(void) {
```

```
            return 2*3.14*r;
        }
        double circle_area (void) {
            return 3.14*r*r;
        }
};
int main () {
    CCircle circle;
    double r;
    cout<<"please input radiu:";
    cin>>r;
    circle.set_values (r);
    cout<<"length:"<<circle.circle_length()<<endl;
    cout<<"area:" <<circle.circle_area()<<endl;
    return 0;
}
```

本课介绍了以下内容。

（1）类的定义。

（2）构造函数和析构函数。

（3）对象的定义。

（4）对象的访问。

（5）关键字：class。

练习22-1 阅读代码清单22-3，写结果。

代码清单 22-3

```
#include <iostream>
using namespace std;
class Date {
    private:
        int day,month,year;
    public:
        void printDate();
        void setDay(int d);
        void setMonth(int m);
        void setYear(int y);
};
```

```
void Date::printDate() {
  cout<<"Date:"<<day<<"/"<<month<<"/"<<year<<endl;
}
void Date::setDay(int d) {
  day=d;
}
void Date::setMonth(int m) {
  month=m;
}
void Date::setYear(int y) {
  year=y;
}
int main() {
  Date aday;
  aday.setDay(17);
  aday.setMonth(4);
  aday.setYear(2008);
  aday.printDate();
  return 0;
}
```

结果为__________。

练习22-2　阅读代码清单22-4，写结果。

代码清单　22-4

```
#include <iostream>
using namespace std;
class counter {
   private:
          int value;
   public:
          counter() {
                 value=0;
          }
          void increment() {
                 if(value<65535)value++;
          }
          void decrement() {
                 if(value>0)value--;
          }
          int show_value() {
                 return value;
          }
};
int main() {
```

```
    counter c1,c2;
    for(int i=0;i<5;i++) {
            c1.increment();
            cout<<"c1="<<c1.show_value()<<endl;
            c2.increment();
    }
    cout<<"c2="<<c2.show_value()<<endl;
    for(int i=0;i<=3;i++) {
            c2.decrement();
            cout<<"c2="<<c2.show_value()<<endl;
            cout<<"c1="<<c1.show_value()<<endl;
    }
    return 0;
}
```

结果为__________。

练习22-3　阅读代码清单22-5，写结果。

代码清单　22-5

```
#include <iostream>
using namespace std;
class Time {
    private:
            int h,m,s;
    public:
            Time(int,int,int);
            void display();
            ~Time();
};
Time::Time(int h,int m,int s) {
    Time::h=h;Time::m=m;Time::s=s;
}
void Time::display() {
    cout<<h<<":"<<m<<":"<<s<<endl;
}
Time::~Time() {
    cout<<"Game Over"<<endl;
}
int main() {
    Time ent(9,0,0),exit(17,30,0);
    ent.display();
    exit.display();
    return 0;
}
```

结果为__________。